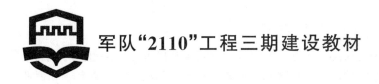

军队"2110"工程三期建设教材

电子设备检测与故障分析

左东广　主编
张欣豫　张永生　樊天锁　编

北京航空航天大学出版社

内容简介

本书以电子测量的基本概念为基础,全面讲述了常用测量仪器、电路参数检测、电子设备故障分析的相关技术和理论。内容包括:电子测量的基本概念、内容和测量的基本方法,电子测量仪器的基本概念、常用测量仪器的基本原理和主要技术指标,时间、频率、功率、波形等电路参数和特征的测量及电子设备故障分析基础知识和故障的产生机理,每一章后都附有思考题。

本书可作为普通高校电子类专业的教材或参考用书,也可供从事电路分析与电子系统设计领域的工程技术人员参考。

图书在版编目(CIP)数据

电子设备检测与故障分析 / 左东广主编. -- 北京:
北京航空航天大学出版社,2016.1
ISBN 978-7-5124-1949-0

Ⅰ.①电… Ⅱ.①左… Ⅲ.①电子设备—检测②电子设备—故障诊断 Ⅳ.①TN06

中国版本图书馆 CIP 数据核字(2015)第 273515 号

版权所有,侵权必究。

电子设备检测与故障分析
左东广 主编
张欣豫 张永生 樊天锁 编
责任编辑 赵延永 苏俊亚

*

北京航空航天大学出版社出版发行

北京市海淀区学院路 37 号(邮编 100191) http://www.buaapress.com.cn
发行部电话:(010)82317024 传真:(010)82328026
读者信箱:goodtextbook@126.com 邮购电话:(010)82316936
北京兴华昌盛印刷有限公司印装 各地书店经销

*

开本:787×1 092 1/16 印张:6.25 字数:160 千字
2016 年 1 月第 1 版 2016 年 1 月第 1 次印刷 印数:2 000 册
ISBN 978-7-5124-1949-0 定价:20.00 元

若本书有倒页、脱页、缺页等印装质量问题,请与本社发行部联系调换。联系电话:(010)82317024

前　言

依据新时期军队信息化建设对人才培养提出的新要求,结合第二炮兵工程大学新版人才培养方案及课程标准修订相关工作的具体要求,在总结多年教学实践经验的基础上,我们编写了这本颇具特色的简明教材。全书以电子测量的基本概念为基础,按照常用测量仪器、电路参数检测、电子设备故障分析的顺序,强调对电路参数检测方法的把握,以典型电路故障案例为平台,以电子设备检测技术为手段,以故障分析与处理基本技能的培养为目标,将理论与实践进行紧密的结合,提高学员对实际问题的分析与处理能力。全书的内容主要为:

第1章讲述电子测量的基础,主要内容为电子测量的基本概念、内容和测量的基本方法,重点介绍功率、波形、脉冲宽度等时域测量参量及频率、阻抗、带宽等频域测量参量的基本概念。

第2章讲述常用的测量仪器,重点介绍电子测量仪器的基本概念、常用测量仪器的基本原理和主要技术指标。

第3章以电量测量为基础,重点讲述对时间、频率、功率、波形等电路参数和特征的测量,以时间测量、频率测量、功率测量、波形检测等的基本原理和方法为主要内容。

第4章重点介绍电子设备故障分析基础知识,建立电子设备故障的概念,了解故障的产生机理,掌握常见故障诊断的一般方法,能够综合运用所学知识对常见电子设备故障进行分析和检测。

本书的目的是让学生综合利用电路分析、信号处理、故障诊断等技术解决电子设备检测与故障分析的一般问题,并可以掌握电子设备检测的基本原理,熟悉电路参数测量的基本方法,具备电子设备一般电路故障分析和检测的能力,进而养成科学严谨的良好习惯。

在编写过程中,参考和引用了大量同类教材相关内容,在此向作者表示衷心的感谢。由于编者水平有限,存在错误不足之处在所难免,恳请同行和读者批评指正。

编　者
2015 年 12 月

目　　录

第 1 章　电子测量基础 … 1

1.1　电子测量的基本概念 … 1
1.1.1　测量的基本概念 … 1
1.1.2　电子测量的内容 … 1
1.1.3　电子测量方法的分类 … 2
1.2　电子测量的基本参数 … 4
1.2.1　时域测量参数 … 4
1.2.2　频域分析参数 … 7
思考题 … 8

第 2 章　常用的测量仪器 … 9

2.1　电子测量仪器概述 … 9
2.1.1　电子测量仪器分类 … 9
2.1.2　电子测量仪器的主要技术指标 … 10
2.2　信号发生器 … 11
2.2.1　信号发生器简介 … 11
2.2.2　测量信号源的分类 … 11
2.2.3　信号发生器的应用 … 13
2.3　示波器 … 14
2.3.1　示波器简介 … 14
2.3.2　示波器的基本原理 … 14
2.3.3　数字示波器 … 17
2.3.4　示波器的选择和使用 … 20
2.4　频谱分析仪 … 20
2.4.1　频谱分析仪简介 … 21
2.4.2　频谱分析仪分类 … 21
2.4.3　频谱分析仪工作原理 … 22
2.4.4　频谱分析仪主要技术指标 … 24
思考题 … 25

第 3 章　电路参数测量 … 26

3.1　时间与频率测量 … 26
3.1.1　概　述 … 26

  3.1.2 时间频率标准 27
  3.1.3 时间与频率的测量原理 29
  3.1.4 时间和频率高精度测量技术 33
  3.1.5 微波频率测量技术 34
  3.1.6 频率稳定度与频率比对 36
 思考题 39
 3.2 电压与功率测量 40
  3.2.1 电压与功率测量的表征 40
  3.2.2 电压与功率测量方法分类 42
  3.2.3 电压测量原理 43
  3.2.4 射频微波功率的测量 50
  3.2.5 数字电压表的特性 55
  3.2.6 电压测量的干扰及抑制技术 57
 3.3 信号波形测量 59
  3.3.1 信号波形的模拟测量 59
  3.3.2 波形的数字测量 60
 3.4 信号的频谱测量 64
  3.4.1 概 述 64
  3.4.2 扫描式频谱仪 66
  3.4.3 傅里叶分析仪 69
  3.4.4 模数混合型外差式频谱分析仪 70
  3.4.5 频谱仪的应用 72
 思考题 72

第4章 电子设备故障分析 73
 4.1 电子设备的特点和故障的关系 74
 4.2 故障的分类 75
  4.2.1 按故障的表现分类 75
  4.2.2 按产生的原因分类 75
  4.2.3 按产生故障的后果分类 75
  4.2.4 按故障的责任分类 75
 4.3 电子设备故障的规律 75
  4.3.1 典型故障规律 75
  4.3.2 复杂设备无耗损规律 76
  4.3.3 全寿命故障率递减规律 77
  4.3.4 故障规律对检测维修的影响 78
 4.4 电子设备的故障机理分析 78
  4.4.1 外部环境因素对故障的影响 79
  4.4.2 设备内部机理对故障的影响 79

4.5 电子设备的故障诊断 …………………………………………………… 82
　4.5.1 故障诊断的一般流程 ………………………………………………… 82
　4.5.2 故障诊断的基本方法 ………………………………………………… 83
　4.5.3 电子设备查找故障的典型方法 ……………………………………… 85

参考文献 ………………………………………………………………………… 90

第1章 电子测量基础

检测过程在现代生活中无处不在。设备出现故障时需要通过对设备的详细检测进行故障定位与排除。一个城市的交通拥堵情况也需要通过对各交通干道车辆通过率的实时检测加以判断;家庭生活中用水、用电、用气的多少都需要通过水表、电表、气表对水流量、电量和气流量进行检测。一个完整的检测过程一般包括信息的提取、信号的转换、存储与传输、信号的显示记录和信号的分析处理。检测技术是涉及检测方法、检测结构以及检测信号处理的一门综合性技术。检测与测量的含义基本相同,主要是指以确定被测对象属性和量值为目的的全部操作。

对电子设备的检测是利用电子测量的手段对电子设备进行分析的一种方法。本章重点介绍电子测量的基础知识。

1.1 电子测量的基本概念

1.1.1 测量的基本概念

测量的目的就是取得用数值和单位共同表示的被测量的结果,是人们借助于专门的设备,依据一定的理论,通过实验的方法将被测量与已知同类标准量进行比较而取得测量结果。

电子测量是指以电子技术为基本手段的一种测量技术,是测量学和电子学相互结合的产物。广义的电子测量是指利用电子技术进行的测量。狭义的电子测量是指对电子技术中各种电参量进行的测量。

近几十年来,计算技术和微电子技术的迅猛发展为电子测量和测量仪器增添了巨大的活力。电子计算机尤其是微型计算机与电子测量仪器相结合,构成了一代崭新的仪器和测试系统,即:人们通常所说的"智能仪器"和"自动测试系统"。它们能够对若干电参数进行自动测量、自动量程选择、数据记录和处理、数据传输、误差修正、自检自校、故障诊断及在线测试等,不仅改变了若干传统测量的概念,更对整个电子技术和其他科学技术产生了巨大的推动作用。现在,电子测量技术(包括测量理论、测量方法、测量仪器装置等)已成为电子科学领域重要且发展迅速的分支学科。

1.1.2 电子测量的内容

电参量测量的主要内容如下。

1. 能量的测量

能量的测量主要指的是对各种电路信号频率、波形下的电流、电压、功率和电场强度等参量的测量。

2. 电路参数的测量

电路参数的测量主要指的是对电阻、电感、电容、阻抗、品质因数及损耗率等参量的测量。

3. 信号特性的测量

信号特性的测量主要指的是对频率、周期、时间、相位、调幅度、调频指数、失真度、噪声以及数字信号的逻辑状态等参量的测量。

4. 电子设备性能的测量

电子设备性能的测量指的是对通频带、选择性、放大倍数、衰减量、灵敏度和信噪比等参量的测量。

5. 特性曲线的测量

特性曲线的测量主要指的是对幅频特性、相频特性、器件特性等特性曲线的测量。

上述各项测量内容中，尤以对频率、时间、电压、相位和阻抗等基本电参数的测量更为重要，它们往往是其他参数测量的基础。例如：放大器的增益测量实际上就是对输入、输出端电压的测量，再取以对数得到增益分贝数；脉冲信号波形参数的测量可归结为对电压和时间的测量。

由于时间和频率测量具有其他测量所不可比拟的精确性，因此常把对其他待测量的测量转换成对时间或频率的测量方法和技术。实际中，常常需要对许多非电量进行测量。传感技术的发展为这类测量提供了新的方法和途径，可以利用各种敏感元件和传感装置将非电量（如位移、速度、温度、压力、流量和物质成分等）变换成电信号，再利用电子测量设备进行测量。在一些危险的和人们无法进行直接测量的场合，这种方法几乎成为唯一的选择。

1.1.3 电子测量方法的分类

一个物理量的测量可以通过不同的方法实现。测量方法选择得正确与否直接关系到测量结果的可信赖程度，也关系到测量工作的经济性和可行性。不当或错误的测量方法除了得不到正确的测量结果外，甚至还会损坏测量仪器和被测量设备。有了先进精密的测量仪器设备，并不等于就一定能获得准确的测量结果。必须根据不同的测量对象、测量要求和测量条件，选择正确的测量方法和合适的测量仪器，构成实际的测量系统，进行正确、细心的操作，才能得到理想的测量结果。

测量方法的分类形式有多种，几种常见的分类方法如下。

1. 按测量过程分类

按测量过程分类，测量可以分为直接测量、间接测量和联合测量。

（1）直接测量

直接测量是指直接从测量仪表的读数获取被测量值的方法，例如：用电压表测量晶体管的工作电压，用欧姆表测量电阻阻值，用计数式频率计测量频率，用弹簧管式压力表测量锅炉压力等。直接测量的特点是不需要对被测量与其他实测量进行函数关系的辅助运算，因此测量过程简单、迅速，是工程测量中广泛应用的测量方法。

（2）间接测量

使用仪表进行测量时，首先应对与被测物理量有确定函数关系的几个量进行测量，利用直接测量量与被测量之间的关系（可以是公式、曲线或表格等）间接得到被测量值。这种测量方法称为间接测量。例如：需要测量电阻 R 上消耗的直流功率 P，可以通过直接测量电压 U、电流 I，而后根据函数关系 $P=UI$，经过计算"间接"获得功耗 P。

间接测量费时、费事，常在以下情况使用：直接测量不方便、间接测量的结果较直接测量更为准确,或缺少直接测量仪器等。

(3) 联合测量

当某项测量结果需要用多个未知参数表达时,可通过改变测量条件进行多次测量,根据测量量与未知参数间的函数关系列出方程组并求解,进而得到未知量,这种测量方法称为联合测量。一个典型的例子是电阻器温度系数的测量。已知电阻器阻值 R_t 与温度 t 间满足关系

$$R_t = R_{20} + \alpha(t-20) + \beta(t-20)^2 \tag{1.1}$$

式中,R_{20} 为 $t=20\ ℃$ 时的电阻值,一般为已知量;$\alpha、\beta$ 称为电阻的温度系数;t 为环境温度。

为了获得 $\alpha、\beta$ 值,可以在 2 个不同的温度 $t_1、t_2(t_1、t_2$ 可由温度计直接测得)下测得相应的 2 个电阻值 $R_{t1}、R_{t2}$,代入式(1.1)得到联立方程

$$\begin{cases} R_{t1} = R_{20} + \alpha(t_1-20) + \alpha(t_1-20)^2 \\ R_{t2} = R_{20} + \alpha(t_2-20) + \alpha(t_2-20)^2 \end{cases} \tag{1.2}$$

求解联立方程(1.2),就可以得到 $\alpha、\beta$ 值。如果 R_{20} 也未知,则可在 3 个不同的温度下分别测得 $R_{t1}、R_{t2}、R_{t3}$,列出由 3 个方程构成的方程组并求解,进而得到 $R_{20}、\alpha$ 和 β。

2. 按测量方式分类

按测量方式分类,可以分为偏差式测量、零位式测量和微差式测量。

(1) 偏差式测量法

在测量过程中,用仪器仪表指针的位移(偏差)确定被测量大小的方法,称为偏差式测量法。应用这种方法进行测量时标准量具不装在仪表内,而是事先用标准量具对仪表读数、刻度进行校准,实际测量时根据指针偏转大小确定被测量值。例如:使用万用表测量电压、电流等。由于从仪表刻度上直接读取被测量,包括大小和单位,因此这种方法也叫直读法。

(2) 零位式测量法

零位式测量法又称做零示法或平衡式测量法。测量过程中,将被测量与基准量相比较(又称做比较测量法),用指零仪表(零示器)指示被测量与标准量平衡,通过已知的基准量获得被测量的大小。应用这种方法进行测量时,标准量具装在仪表内,在测量过程中,标准量直接与被测量相比较;测量时,要调整标准量,直到被测量与标准量相等,即:使指零仪表回零。利用惠斯通电桥测量电阻(或电容、电感)就是这种方法的一个典型例子,如图 1-1 所示。

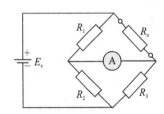

图 1-1 惠斯通电桥测量电阻

只要指零仪表的灵敏度足够高,零位式测量法的测量准确度几乎等于标准量的准确度,因而这种方法的测量准确度很高,这是它的主要优点,常用在实验室作为精密测量的一种方法。但由于测量过程中为了获得平衡状态需要进行反复调节,因此即使采用一些自动平衡技术,测量速度仍然较慢,这是这种方法的不足之处。

(3) 微差式测量法

微差式测量法综合了偏差式测量法和零位式测量法的优点。微差式测量法通过测量待测量与标准量之差(通常该差值很小)来得到待测量的值。应用这种方法进行测量时,标准量具装在仪表内,在测量过程中,标准量直接与被测量相比较。由于二者量值相接近,因此测量过程中不需要调整标准量,而只需要测量二者的差值即可。微差式测量法的优点是反应速度快,而且测量精度高,省去了反复调节标准量大小以求平衡的步骤,特别适用于在线控制参数的检测。

1.2 电子测量的基本参数

1.2.1 时域测量参数

1. 电流、电压与电阻

在对电子设备进行检测时，必须十分清楚要测量的参数。一般的电气参数标明了常用的电量单位及其标准缩写。这些标准电气单位可用前缀(毫、千等)来描述。

电流(测量单位为 A)是电荷(测量单位是 C)的流动。电荷是由通过一个已知点的电子数来确定。1 个电子有 1.602×10^{-19} C 的负电荷，或者说，1 C 负电荷含 6.242×10^{18} 个电子。电流单位(A)是用 1 s 在一个已知点通过的电荷库数来确定的(即 1 A 等于 1 C/s)。已知时间内通过的电荷越多，电流越大。虽然电流是由电子流动形成，但标准电气工程惯例还是视电流为正电荷流动。用这个定义，电流的流动方向被认为与电子流的方向相反(电子是负性电荷)。

电压是指电场或电路中两点之间的电位差，是使电荷移动和电流流动的电力或电压，是衡量电场做功能力大小的物理量。电压的单位是伏特(V)，是国际单位制(SI)中的一个导出单位。

电阻是遵循欧姆定律的电子元件，欧姆定律说明通过电阻的电流与跨在电阻两端的电压成正比。回顾一下相似的水管：当压力(电压)增加时，水流(电流)量也增加；那么电压减少，电流也减少，阻力与水管的粗细有关，水管越粗，对水流的阻力越小，大水管(电阻小)在一定压力(电压)下允许大水量(电流)流过。电阻的这个名称就是由于器件阻挡电流的工作状态而得名的。电阻越大，阻力越大，电流就越小(假设电压为恒定)。

2. 功率

功率是指物体在单位时间内所做的功，或者单位时间内转移或转换的能量。对直流电压和电流来说，功率可表示为 $P=V\cdot I$，单位为 W。

注意：功率的计算是根据流过某单元电路的电流和电压大小来进行的。假使没有电流的流通通道，即使电压高，也没有功率，或者若是器件两端电压为 0，则即使有大电流流过该器件，也没有功率产生。

当电阻上有交流电压时，电阻消耗的平均功率为

$$P = V_{RMS} I_{RMS} = \frac{V_{RMS}^2}{R} = I_{RMS}^2 R \tag{1.3}$$

式中，下缀 RMS 表示相关参数的均方根值。某一个周期为 T 的信号波形的电压有效值可按式(1.4)进行计算

$$V_{RMS} = \sqrt{\frac{1}{T}\int_{t_0}^{t_0+T} v^2(t)\,\mathrm{d}t} \tag{1.4}$$

只要是使用电压和电流的 RMS 值，这一关系适用于任何波形，这些等式如同在直流情况下一样有相同的形式，这就是使用 RMS 值的理由之一。RMS 值通常称为有效值，因为已知 RMS 值的交流电压与相同数值的直流电压产生相同效果(功率方面的效果)。此外，两个具有相同 RMS 值的交流信号，对同一电阻将产生同样的功率，至于零—峰值电压和峰—峰值电压，上面的说明就不适用了。因此，对功率来说，RMS 值是最有用的。

3. 微波测试常用参量

(1) 分贝(dB)

在射频微波产品的测试中,经常会碰到 dB、dBm 等量纲单位,有时用分贝(dB)表示电参量是一种比较方便的形式。

贝尔(Bel)是计量功率比值的一个单位,等于功率比值以 10 为底求对数,它是为了纪念电话发明者 Alexan-der Graham Ben 的杰出贡献而以其名字来命名的。分贝(decibel)是指两个功率比值以 10 为底取对数的 10 倍的量纲单位,记为 dB(正如用 mm 来代替 m 表示距离就需要将数值乘以 1 000),dB 是一个相对值量纲单位。

$$\alpha = 10\lg \frac{P_1}{P_2} \quad \text{dB} \tag{1.5}$$

当用 dB 表示相关量纲单位时,会使数字的变化范围缩小,而且很多乘法和除法的运算就可以转变为加减运算,加减法运算相对乘除法要简单一些,这就是广泛采用 dB 相关量纲单位的原因。例如:功率范围从 100 W 变化至 1 mW,比值为 108∶1,但用 dB 表示时该比值则只为 80 dB;两级功率放大器的增益分别为 12 倍和 16 倍,那么总增益应为 12×16=192 倍,如果换成对数来运算,第一和第二级功放的增益分别为 10.8 dB 和 12 dB,那么总增益为 10.8+12=22.8 dB。

需要指出的是一些特殊的数值要求大家熟记于心。例如:0 dB 对应的比值为 1(适于电压和功率二者),电路的增益或损失为 0 dB 时表明电路的输入等于输出。3 dB 对应功率比值为 2,功率电平变化-3 dB,表明功率降至原来的 1/2;功率电平变化+3 dB,表明功率增加 1 倍。6 dB 对应电压比为 2,电压变化-6 dB,表明电压降至原先的 1/2;电压变化+6 dB,表明电压增加 1 倍。10 dB 对应功率比为 10,这是唯一的一点,在这一点 dB 值和功率比值相同。

(2) 毫瓦分贝(dBm)

求一个功率值和一个固定的参考功率之比的对数值,就可以获得这个功率的对数表示值,通常使用的参考功率 P_2 为 1 mW,功率的对数值量纲单位是 dBm。

$$P = 10\lg \frac{P_1}{1\ \text{mW}} \quad \text{dBm} \tag{1.6}$$

如果参考功率为 1 W,那么功率的对数值量纲就是 dBW。功率的对数值和相对值 dB 相加减意味着该功率增加或减小,因此量纲单位还是 dBm,只是数字上相加减。例如:5 dBm+8 dBm=13 dBm。如果功率变化 10 倍,对数值功率变化 10 dB,功率变化 1 倍,对数值功率变化 3 dB。

当计算多个信号的总功率时,即功率相加,不能直接用量纲单位 dBm 表示的对数值来计算,应该首先将对数值转换为线性值进行计算,再将计算后的线性值转换为对数值。例如:30 dBm 和 30 dBm 的信号功率相加就不是 60 dBm,而是 1 W+1 W=2 W,转换为对数值后为 33 dBm。

(3) 常见的用 dB 相关量纲单位来表示的参数

① 增益或衰减

输出信号功率和输入信号功率之比,如果结果为正,则为增益,为负就是衰减,单位均为 dB。当多级系统的增益或衰减分别为 α_1、α_2、…、α_n 时,每级系统的增益或衰减可用线性值表示为 $10^{(\frac{\alpha_1}{10})}$,$10^{(\frac{\alpha_2}{10})}$,…,$10^{(\frac{\alpha_n}{10})}$,多级系统增益或衰减以 dB 为单位的对数值为

$$\alpha = (\alpha_1 + \alpha_2 + \cdots + \alpha_n) \text{ dB} \tag{1.7}$$

② 信噪比 SN、信纳比 SINAD

信号功率与噪声功率的比值为信噪比 SN

$$SN = 10\lg\left(\frac{S}{N}\right) \text{ dB} \tag{1.8}$$

信号与噪声和失真信号功率之和的比值为信纳比 SINAD

$$SINAD = 10\lg\left(\frac{S}{N+D}\right) \text{ dB} \tag{1.9}$$

式中，S、N、D 分别表示有效信号、噪声信号、失真信号的功率。

③ 灵敏度

灵敏度是指设备或仪器接收微弱信号的能力，是在确保误比特率(BER)不超过某一特定值(通常取为 0.01)的情况下，设备或仪器能够有效反应的最小信号接收功率。雷达的灵敏度是制约其作用距离的决定性技术指标，雷达接收机的接收灵敏度可以按功率形式表示为 $P_{r\min} = kTBN_fD$。其中：k、T 分别指玻尔兹曼常数(1.38×10^{-23} J/K)、热力学温度；B 表示接收机的通频带宽；N_f 表示接收机的噪声系数；D 表示接收机的噪声门限。

接收灵敏度也可以表示成对数形式

$$S_{\min}(\text{dBW}) = -204 \text{ dBW} + 10\log BN_fD$$

当然还有许多其他可以用分贝(dB)表示的时域测量参数，这里不再一一枚举。

4. 脉冲信号测量参数

在无线电测量领域中，脉冲信号应用十分广泛，对脉冲信号参数测量也有着较高的要求。一般单个脉冲的特性可以用几个定量的指标加以描述，例如：脉冲幅度、脉冲宽度、过渡时间等。对周期性脉冲信号通常也要测量信号重复频率、占空比(开关比，on/off ratio)等。典型脉冲信号的波形图如图 1-2 所示。

脉冲宽度一般指脉冲前沿和后沿中点(50%幅度量值位置)之间的时间间隔(持续时间 duration)，有时也称为固定沿脉冲宽度，图 1-2 中的脉冲宽度为 τ。另外，也有以前沿起始拐角到后沿起始拐角之间的时间间隔来定义脉冲宽度的，称为可变脉冲宽度。

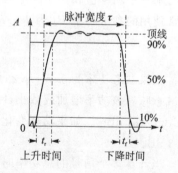

图 1-2 典型脉冲的波形图

过渡时间通常指信号电平转换时所需的时间，主要包括**上升时间**(前沿过渡时间)与**下降时间**(后沿过渡时间)。上升时间一般指信号从脉冲幅度的 10% 过渡到 90% 所需要的时间，而下降时间一般指信号从脉冲幅度的 90% 下降到 10% 所需要的时间，图 1-2 中脉冲信号的上升时间与下降时间分别为 t_r、t_f。

脉冲信号**重复频率**可以通过重复周期或重复频率加以描述，周期的倒数即为频率。周期性的连续脉冲波中两个波形相同点之间的时间间隔称为脉冲信号的周期。图 1-3 所示的周期性脉冲信号的重复周期为 T。**占空比**一般指周期性脉冲序列中脉冲波形持续时间 T_1 与脉冲间隔时间 T_2 之比，如图 1-3 所示的占空比可以表示为

$$\text{占空比} = \frac{T_1}{T_2} \tag{1.10}$$

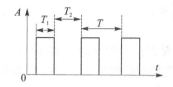

图 1-3 周期性脉冲序列

1.2.2 频域分析参数

信号测量主要从时域和频域 2 个方面进行。频域测量主要是观察信号幅度或能量与频率的关系,测量用的主要仪器为频谱分析仪。

频谱的特性是描述信号特征的一个重要方面,主要指信号的幅度谱与相位谱特性。

1. 幅频特性与相频特性

测量信号的**幅频特性**是指信号的幅度随频率的变化情况,**相频特性**则指信号的相位随频率的变化情况。

一般的常见信号 $f(t)$ 都可以通过傅里叶变换得到信号的幅频特性与相频特性。

$$f(t) = \frac{1}{2\pi}\int_{-\infty}^{+\infty} F(j\omega)e^{j\omega t}d\omega \tag{1.11}$$

式中,$F(j\omega)$ 可反映出信号的幅度与相位随频率变化的情况。例如:对脉冲宽度为 τ 的门信号 $G(\tau)$ 有

$$f(t) = G_\tau(t) = \begin{cases} 1, & |t| < \tau/2 \\ 0, & |t| > \tau/2 \end{cases} \tag{1.12}$$

傅里叶变换可表述为

$$F(j\omega) = \tau\frac{\sin\omega\tau/2}{\omega\tau/2} = \tau\mathrm{Sa}\left(\frac{\omega\tau}{2}\right) \tag{1.13}$$

则幅度特性与相频特性可由式(1.14)给出,波形如图 1-4、图 1-5 所示。

$$|F(j\omega)| = \tau\left|\frac{\sin\omega\tau/2}{\omega\tau/2}\right| \qquad \varphi(\omega) = \begin{cases} 0, & \mathrm{Sa}(\omega\tau/2) > 0 \\ \pi, & \mathrm{Sa}(\omega\tau/2) < 0 \end{cases} \tag{1.14}$$

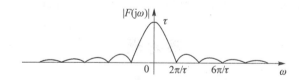

图 1-4 门信号的幅频特性波形图

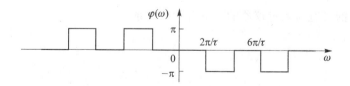

图 1-5 门信号的相频特性波形图

常见的频谱分析仪只能测量出信号幅频特性,一些能够完成傅里叶变换计算的频谱分析仪也

能完成对信号相频特性的显示测量。

2. 带　宽

信号**带宽**(band width)通常是指信号频谱的宽度,即:信号所包含的最高频率分量与最低频率分量之差。例如:一个方波信号最低频率为 2 kHz,最高频率为 14 kHz,则该信号的带宽为 12 kHz。对测量信号波形的仪器而言,该仪器对测量的信号通常有某种最大频率要求,超过它测量精度就会下降,这一频率就是仪表的带宽,通常以仪表灵敏度下降 3 dB 的频率点为准(有时也用 1 dB 和 6 dB 带宽)。信号带宽一般有以下 3 种计算方法。

① 以信号频谱最大幅度的 1/10 为限,如图 1-6(a)所示。

② 以信号振幅频谱中第 1 个过零点为限,如门信号的频带宽度为 $\frac{2\pi}{\tau}$。

③ 以包含信号总能量的 90% 处为限,如图 1-6(b)所示。

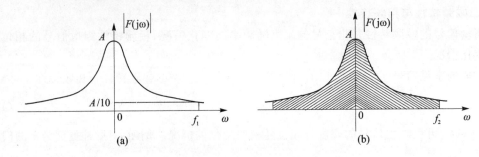

图 1-6　信号的带宽

对于一台标准的测量仪表,上升时间和带宽 B_W(3 dB 带宽,单位 Hz)之间的关系由式(1.15)决定

$$t_{上升} = \frac{0.35}{B_W} \tag{1.15}$$

这一关系式的真实性与仪表频率响应曲线的精确形状有关(即带宽以上频率下滑的速度)。对于单边下滑仪表这一关系式是精确的,对许多仪表都具有良好的近似式。仪表应有的上升时间应小于被测量信号的上升时间。测量上升时间使用的仪表,若上升时间小于被测上升时间的 2 倍,产生的误差约 10%;当仪表上升时间小于被测上升时间的 7 倍,误差可降到 1%。

思考题

1. 电子测量的基本概念、内容和方法是什么?
2. 时域测量与频域测量有什么异同?
3. 测量信号的带宽与测量仪器的带宽有什么关系?

第 2 章　常用的测量仪器

测量是人们借助于专门的设备,依据一定的理论,通过实验的方法将被测量与已知同类标准量进行比较而取得测量结果。测量仪器(仪表)是指将被测量转换成可直接观测的指示值或等效信息的器具,包括各种指针式仪器(仪表)、比较式仪器(仪表)、记录式仪器(仪表)以及传感器等。

2.1　电子测量仪器概述

电子测量仪器是指利用电子技术对各种信息进行测量的设备。

2.1.1　电子测量仪器分类

测量中用到的各种电子仪表、电子仪器及辅助设备统称为电子测量仪器。电子测量仪器种类繁多,主要包括通用仪器和专用仪器 2 大类。专用仪器是为特定目的专门设计制作的,适于特定对象的测量。通用仪器是指应用面广、灵活性好的测量仪器。

按照仪器功能,通用电子测量仪器分为以下几类:

1. 信号发生器(信号源)

信号发生器是在电子测量中提供符合一定技术要求的电信号产生仪器,例如:正弦信号发生器、脉冲信号发生器、函数信号发生器和随机信号发生器等。

2. 电压测量仪器

电压测量仪器是用于测量信号电压的仪器,例如:低频毫伏表、高频毫伏表和数字电压表等。

3. 示波器

示波器是用于显示信号波形的仪器,例如:通用示波器、取样示波器和记忆存储示波器等。

4. 频率测量仪器

频率测量仪器是用于测量信号频率、周期等的仪器,例如:指针式、数字式频率计等。

5. 电路参数测量仪器

电路参数测量仪器是用于测量电阻、电感和晶体管放大倍数等电路参数的仪器,例如:电桥、Q 表、晶体管特性图示仪等。

6. 信号分析仪器

信号分析仪器是用于测量信号非线性失真度、信号频谱特性等的仪器,例如:失真度测试仪、频谱分析仪等。

7. 模拟电路特性测试仪

模拟电路特性测试仪是用于分析模拟电路的幅频特性、噪声特性等的仪器,例如:扫频仪、噪声系数测试仪等。

8. 数字电路特性测试仪

数字电路特性测试仪是用于分析数字电路逻辑特性等的仪器,例如:逻辑分析仪、特征分析仪等,是数据域测量不可缺少的仪器。

测量时应根据测量要求,参考被测量与测量仪器的有关指标,结合现有测量条件及经济状况,尽量选用功能相符、使用方便的仪器。

2.1.2 电子测量仪器的主要技术指标

电子测量仪器的技术指标主要包括频率范围、准确度、量程与分辨力、稳定性与可靠性、环境条件、响应特性以及输入、输出特性等。

1. 频率范围

频率范围是指能保证仪器其他指标正常工作的有效频率范围。

2. 准确度

测量准确度又称为测量精度,它描述的是由于测量结果在测量过程中受各种因素影响而产生的与被测量真实值之间的差异程度,即测量误差。

测量准确度通常以允许误差或不确定度的形式给出。不确定度是指在对测量数据处理的过程中,为了避免丢失真实数据而人为扩大的测量误差。由于它在一定程度上能反映出测量数据的可信程度,因此而得名。不确定度的数值越大,丢失真实数据的可能性越小,即可信度越高。允许误差是为了描述测量仪器的测量准确度而规定的,利用仪器进行测量时,允许仪器产生的最大误差。

3. 量程与分辨力

量程是指测量仪器的测量范围。分辨力是指通过仪器所能直接反映出的被测量变化的最小值,即:指针式仪表刻度盘标尺上最小刻度代表的被测量大小或数字仪表最低位的"1"所表示的被测量大小。

同一仪器不同量程的分辨力不同,通常以仪器最小量程的分辨力(最高分辨力)作为仪器的分辨力。

4. 稳定性与可靠性

稳定性是指在一定的工作条件下,在规定时间内,仪器保持指示值或供给值不变的能力。可靠性是指仪器在规定的条件下,完成规定功能的可能性,是反映仪器是否耐用的一种综合性和统计性质量指标。

5. 环境条件

环境条件即保证测量仪器正常工作的工作环境,例如:基准工作条件、正常工作条件和额定工作条件等。

6. 响应特性

一般说来,仪器的响应特性是指输出的某个特征量与输入的某个特征量之间的响应关系或驱动量与被驱动量之间的关系。

目前,电子测量仪器已经逐步趋向多功能、集成化、数字化,随着新技术的发展,又进一步向自动化、系统化及智能化方向迅速发展。但是,我们应根据实际需要选择测试设备,设计测试方案时要考虑成本因素。在需要大量重复或快速测量的情况时,选择自动化仪器是合理的。

2.2 信号发生器

无论模拟系统,还是数字系统,都必须用信号源来激励。能产生已知特性信号的仪器,统称为信号发生器。信号发生器是一种能提供各种频率、波形和输出电平电信号的设备,在测量各种电信系统或电信设备的振幅特性、频率特性、传输特性及其他电参数,以及测量元器件的特性与参数时,用做测试的信号源或激励源。

2.2.1 信号发生器简介

信号发生器又称信号源或振荡器,用于产生被测电路所需特定参数的电测试信号,在生产实践和科技领域中有着广泛的应用。

在测试、研究或调整电子电路及设备时,为测定电路的一些电参数,例如:测量频率响应、噪声系数,以及为电压表定度等,都要求提供符合所定技术条件的电信号,以模拟在实际工作中使用的待测设备的激励信号。当要求进行系统的稳态特性测量时,需使用振幅、频率已知的正弦信号源;当测试系统的瞬态特性时,需使用前沿时间、脉冲宽度和重复周期已知的矩形脉冲源,并且要求信号源输出信号的参数,例如:频率、波形、输出电压或功率等,能在一定范围内进行精确调整,有很好的稳定性,有输出指示。

2.2.2 测量信号源的分类

信号发生器根据信号源输出波形的不同,可以划分为正弦信号发生器、频率合成信号发生器、函数信号发生器和随机信号发生器等4大类。除此之外,还有微波信号发生器、随机信号发生器、噪声信号发生器和伪随机信号发生器等。

1. 正弦波信号源

正弦波信号是使用最广泛的测试信号。如图2-1所示为正弦波信号源简化框图,它包含1个振荡器,后面接1个放大器以提高信号电平。为了能够调节输出电平,还接了1个可调衰减器。

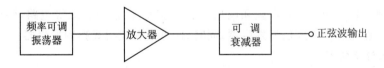

图2-1 正弦波信号源简化框图

电子测量中通用的正弦波信号源有很多,分类方法也各不相同,根据工作频率范围对正弦波信号源的进行分类,方法如表2-1所列。

表2-1 正弦波信号源分类

分 类	频率范围	分 类	频率范围
超低频信号发生器	0.000 1~1 000 Hz	高频信号发生器	200 kHz~30 MHz
低频信号发生器	1~20 000 Hz	甚高频信号发生器	30~300 MHz
视频信号发生器	20 Hz~10 MHz	超高频信号发生器	>300 MHz

通常,低频和视频正弦波信号源产生正弦信号,而高频和超高频信号源,除了有正弦信号(载波)输出外,还有调制波形的输出,习惯上称为信号发生器。

① 低频信号发生器。包括音频(200~20 000 Hz)和视频(1 Hz~10 MHz)范围的正弦波发生器。主振级一般用 RC 式振荡器,也可用差频振荡器。为便于测试系统的频率特性,要求输出幅频特性平,波形失真小。

② 高频信号发生器。频率为 200 kHz~30 MHz 的高频、30~300 MHz 的甚高频信号发生器。一般采用 LC 调谐式振荡器,频率可由调谐电容器的度盘刻度读出,主要用途是测量各种接收机的技术指标。输出信号可用内部或外加的低频正弦信号调幅或调频,使输出载频电压能够衰减到 1 μV 以下。此外,仪器还有防止信号泄漏的良好屏蔽作用。

2. 频率合成信号源

传统信号源中,波形由一个或多个振荡器产生,通过改变元件值,使振荡器调整到某种频率范围。而在合成信号源中,有一个或多个参考振荡器,工作于固定频率,然后由合成电路使用,产生所需频率。一个参考振荡器由合成器使用,产生所需输出的频率原理如图 2-2 所示。

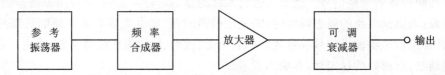

图 2-2 合成信号源简化框图

通常,频率合成信号源的信号不是由振荡器直接产生,而是以高稳定度石英振荡器作为标准频率源,利用频率合成技术形成所需要的任意频率信号,具有与标准频率源相同的频率准确度和稳定度。输出信号频率通常可按十进位数字选择,最高能达 11 位数字的极高分辨力。频率除用手动选择外还可程控和远控,也可进行步级式扫频,适用于自动测试系统。

直接式频率合成器由晶体振荡、加法、乘法、滤波和放大等电路组成,变换频率迅速但电路复杂,最高输出频率只能达 1 000 MHz 左右。用得较多的间接式频率合成器是利用标准频率源通过锁相环控制电调谐振荡器(在环路中同时能实现倍频、分频和混频),使之产生并输出各种所需频率的信号。这种合成器的最高频率可达 26.5 GHz。高稳定度和高分辨力的频率合成器,配上多种调制功能(调幅、调频和调相),加上放大、稳幅和衰减等电路,便构成了一种新型的高性能、可程控的合成式信号发生器,同时,还可作为锁相式扫频发生器。

3. 函数信号发生器

函数信号发生器是应用最广的通用信号源,能够产生多种波形,除正弦波外,还能提供非正弦波,例如:三角波、锯齿波、矩形波(含方波)等,又称波形发生器。它能产生某些特定的周期性时间函数波形(主要是正弦波、方波、三角波、锯齿波和脉冲波等)信号。频率范围可从几毫赫甚至几微赫的超低频直到几十兆赫。除供通信、仪表和自动控制系统测试外,还广泛用于其他非电测量领域。

由于技术的进步,函数信号发生器已经逐渐取代只能产生正弦波的信号源,这种函数信号发生器可提供正弦波及其他波形,各种波形曲线均可以用三角函数方程式来表示,使用起来有较大的灵活性。

4. 扫频信号源

输出信号的频率随时间在一定范围内,按一定的规律重复连续变化的信号源,称为扫频信号源。在特定时刻,它的输出是正弦波,因此,可以认为扫频信号源也是一种正弦信号源,也具有一般正弦信号源的特性,例如:频率范围已知、幅度已知且可调等。

扫频信号源能够产生幅度恒定、频率在限定范围内做线性变化的信号。在高频和甚高频段用低频扫描电压或电流控制振荡回路元件(如变容管或磁芯线圈)来实现扫频振荡;在微波段早期采用电压调谐扫频,用改变返波管螺旋线电极的直流电压来改变振荡频率,后来广泛采用磁调谐扫频,以铁氧体小球作微波固体振荡器的调谐回路,用扫描电流控制直流磁场改变小球的谐振频率。扫频信号源是实现扫频测量的核心部件,有自动扫频、手控、程控和远控等工作方式。

5. 脉冲信号发生器

脉冲发生器能够产生宽度、幅度和重复频率可调的矩形脉冲。可用于测试线性系统的瞬态响应,或用模拟信号来测试雷达、多路通信和其他脉冲数字系统的性能。

脉冲发生器主要由主控振荡器、延时级、脉冲形成级、输出级和衰减器等组成。主控振荡器通常为多谐振荡器之类的电路,除能自激振荡外,主要按触发方式工作。通常在外加触发信号后首先输出一个前置触发脉冲,以便提前触发示波器等观测仪器,然后再经过一段可调节的延迟时间才输出主信号脉冲,宽度可以调节。有的能输出成对的主脉冲,有的能分两路分别输出不同延迟的主脉冲。

有资料表示,通过精心设计,脉冲发生器可产生高质量的方波和脉冲串,它们的工作范围通常低至 1 Hz,高达 1 GHz。频率高至 50 MHz 左右的通用脉冲发生器,也可产生函数信号发生器的波形。通常 50 MHz 以上的脉冲发生器只产生纯脉冲信号,并尽可能使之达到完善状态。

2.2.3 信号发生器的应用

信号发生器在生产实践和科技领域中有着广泛的应用。

信号发生器可以用来产生频率为 20 Hz～200 kHz 的正弦信号(低频),除具有电压输出外,有的还有功率输出,用途十分广泛。它可用于测试或检修各种电子仪器设备中的低频放大器的频率特性、增益、通频带,也可用于高频信号发生器的外调制信号源。另外,在校准电子电压表时,它可提供交流信号电压。

函数信号发生器在电路实验和设备检测中具有十分广泛的用途。例如:在通信、广播和电视系统中,都需要射频(高频)发射,这里的射频波就是载波,把音频(低频)、视频信号或脉冲信号运载出去,就需要能够产生高频的振荡器。在工业、农业、生物医学等领域内,例如:高频感应加热、熔炼、淬火、超声诊断、核磁共振成像等,都需要功率或大或小、频率或高或低的振荡器。

高频、超高频和微波信号发生器已形成标准信号发生器系列,不但实现了固态化,而且出现了合成信号发生器和程控信号发生器等,在频率的范围、精度、稳定度、分辨力以及输出电平的范围、精度、频响、频谱纯度等性能方面,都在不断地提高。带有微处理器的合成高频信号发生器,频率、输出、调制等的控制已全部键盘化,并有数字显示。

2.3 示波器

在电子测量中,测试人员通常希望直观地看到电信号随时间变化的图形,例如:直接观察并测量一个正弦信号的波形、幅度、周期(频率)等基本参量,一个脉冲信号的前后沿、脉宽、上冲、下冲等参数,而时域波形测量技术及示波器实现了人们的愿望。

2.3.1 示波器简介

示波器可将电信号作为时间的函数显示在屏幕上,显示信号的波形形状、幅度、频率和相位等。广义地说,示波器是一种能够反映任何两个参数互相关联的 $X-Y$ 坐标图形的显示仪器,只要把两个有关系的变量转化为电参数,分别加至示波器的 X、Y 通道上,就可以在荧光屏上显示这两个变量之间的关系,如频谱仪和逻辑分析仪(逻辑示波器)都可以看成为广义示波器。因此,示波测量技术是一类重要的基本测量技术。示波器是时域分析最典型的仪器,也是当前电子测量领域中品种最多、数量最大、最常用的一类仪器。

从示波器的性能和结构出发,可将示波器分为 5 类:

① 通用示波器,是采用单束示波管的示波器。

② 多束示波器,是采用多束示波管的示波器。屏上显示的每个波形都由单独的电子束产生,它能同时观测、比较两个以上的波形。

③ 取样示波器,它根据取样原理将高频信号转换为低频信号,然后再进行显示。

④ 记忆、存储示波器,是具有记忆、存储被观察信号功能的示波器。它可以用来观测和比较单次过程和非周期现象、低频和慢速信号以及在不同时间或不同地点观测到的信号。

⑤ 专用或特殊示波器,是不属于以上 4 种,但能满足特殊用途的示波器。例如:检测和调试电视系统的电视示波器,主要用于调试彩色电视中有关色度信号幅度和相位的矢量示波器,用来观测调试计算机和数字系统的逻辑示波器等。

通用示波器是示波器中应用最广泛的一种。它通常泛指采用单束示波管,除取样示波器及专用或特殊示波器以外的各种示波器。

2.3.2 示波器的基本原理

电子学中的信号大都是时间的变量,信号随时间的变化可用函数 $f(t)$ 来描述。在示波器荧光屏上,可用 X 轴代表时间,用 Y 轴代表 $f(t)$,描绘出被研究的信号随时间的变化。

1. 示波测试的基本原理

示波器的核心是阴极射线示波管(CRT)。示波管主要由电子枪、偏转系统和荧光屏 3 部分组成。它们都被密封在真空的玻璃壳内,基本结构如图 2-3 所示。

电子枪产生聚焦良好的高速电子束打在荧光屏上,使后者在相应部位产生荧光,而偏转系统能改变电子束打到荧光屏上的位置。可以形象地把电子枪比作画图的笔,把荧光屏比作画图的纸,而偏转系统相当握笔的手。

① 电子枪。由图 2-3 可以看出,电子枪由灯丝 F、阴极 K、控制栅极 G_1 和第二栅极 G_2、第一阳极 A_1 和第二阳极 A_2 组成。当灯丝加热阴极后,涂有氧化物的阴极发射大量的电子。控制栅极 G_1 包围着阴极 K,只在面向荧光屏的方向开一个小孔。G_1 对 K 的负电位是可变

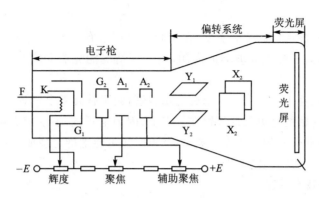

图 2-3 示波管结构示意图

的,起着调节电子密度进而调节光点亮度的作用。G_1 的电位越负,打到荧光屏上的电子数越少,图形越暗,调节 G_1 电位的电位器常称为"辉度"旋钮。G_2、A_1、A_2 的电位均远高于 K,它们与 G_1 组成聚焦系统,对电子束进行聚焦和加速,使得高速电子打到荧光屏上时恰好聚成很细的一束。通常第二栅极 G_2 与第二阳极 A_2 相连,对阴极来说,它们具有相同的高电位,这个电位一般接近地电位,这可以避免在 A_2 和偏转板间形成电场,造成散焦。A_2 的电位通常低于 A_1,所以电子在离开聚焦系统时的速度主要由 A_2 确定。

电子运动的方向与电极的形状、位置和所加电压的大小有关。调节 A_1 的电位可以同时调节 G_2 至 A_1 和 A_1 与 A_2 之间的聚焦系统,从而达到电子束的焦点恰好落在荧光屏上的目的。调节 A_1 电位的电位器称为"聚焦"旋钮。A_2 的电位对聚焦也有作用,特别是应把 A_2 的电位调节得与后面偏转板的平均电位基本一致,以免 A_2 至偏转板间可能发生散焦,调节 A_2 电位的旋钮称为"辅助聚焦"。G_2 对电子束有较强的加速作用,同时它对 A_1 和 G_1 还有隔离作用,可以避免调"辉度"和"聚焦"时相互影响。

② 偏转系统。示波管中至少有 X 偏转板和 Y 偏转板各一对,每对偏转板都由基本平行的金属板构成。每对偏转板上两板相对电压的变化必将影响电子运动的轨迹,当两对偏转板上的电位两两相同时,电子束打到荧光屏的正中。Y 偏转板上电位的相对变化只能影响光点在屏上的垂直位置,X 偏转板只影响光点的水平位置,两对偏转板共同配合,才决定了任一瞬间光点在屏上的坐标。

在一定范围内,荧光屏上光点偏移的距离与偏转板上所加电压成正比,这是用示波管观测波形的理论根据。

③ 荧光屏。荧光屏在示波管一端,通常是圆形或矩形的。在示波管内壁涂上一层荧光物质,面向电子枪的一侧还常覆盖一层极薄的透明铝膜。高速电子可以穿透这层铝膜轰击屏上的荧光物质,后者将电子的动能转变为光能,产生亮点。荧光物质在发光的同时还产生不少热量,铝膜可使热量较快散发。此外,这层铝膜还能吸收荧光物质发出的二次电子和光束中的负离子,还对荧光有反光作用,使显示的图形更加清晰。

当电子束从荧光屏上移去后,光点仍能在屏上保持一定的时间才消失。从电子束移去到光点亮度下降为原始值的 10%,所延续的时间称为余辉时间。不同荧光材料余辉时间不一样,小于 10 μs 的为极短余辉,10 μs~1 ms 为短余辉;1 ms~0.1 s 为中余辉;0.1~1 s 为长余辉;大于 1 s 为极长余辉。由于荧光物质有一定的余辉,同时人眼对观察到的图像有一定的残留效应,尽管电子束每一瞬间只能击中荧光屏上一个点,但我们却能看到光点在荧光屏上移动的轨迹。

为了测量所显示波形的高度和宽度,在荧光屏上还常有一定的刻度线。它可以刻在屏外的透明薄膜上,也可刻于荧光屏玻璃的内侧,后一种情况能克服光点与刻度线间距离造成的视差。

要根据示波器用途不同选用不同余辉的示波管,频率越高要求余辉时间越短。同时,在使用示波器时要避免过密的光束长期停留在一点上,因为电子的动能在转换成光能的同时还产生大量热能,这会减弱荧光物质的发光效率,严重时还可能把屏上烧成一个黑点。即使示波器只是短时间不用,也应将"辉度"调暗。

2. 图像显示的基本原理

示波器的基本组成如图 2-4 所示。

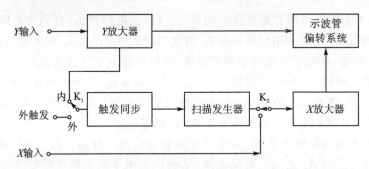

图 2-4 示波器基本组成框图

Y 放大器用于放大被观测的信号,控制电子束的垂直偏转。扫描发生器产生锯齿波电压经 X 放大器使电子束形成水平扫描;当不需要扫描时,开关 K_2 转换到 X 输入端,放大 X 输入端信号;触发同步电路使波形稳定。当由被测信号实现同步时,开关 K_1 置"内",当需要外接同步信号时,开关 K_1 置"外"。

用示波器显示图像,基本上有 2 种类型:一种是显示随时间变化的信号;另一种是显示任意 2 个变量 x 与 y 的关系。

(1) 显示随时间变化的图形

① 扫描的概念。若想观测一个随时间变化的信号,那么只要把被观测的信号转变成电压加到 Y 偏转板上,则电子束就会在 Y 方向按信号的规律变化,任一瞬间的偏转距离正比于该瞬间 Y 偏转板上的电压。但是如果水平偏转板间没加电压,则荧光屏上只能看到一条垂直的直线,这是因为光束在水平方向未受到偏转。

如果在 X 偏转板上加一个随时间而线性变化的电压,即加一个锯齿波电压,那么光点在 X 方向的变化就放映了时间的变化,若在 Y 方向上不加电压,则光点在荧光屏上构成一条反映时间变化的直线,称为时间基线。当锯齿波电压达到最大值时,屏上光点亦达到最大偏转,然后锯齿波电压迅速返回起始点,光点也迅速返回最左端,再重复前面的变化。光点在锯齿波作用下扫动的过程称为扫描,能实现扫描的锯齿波电压叫扫描电压,光点自左向右的连续扫动称为扫描正程,光点自屏的右端迅速返回起扫点称为扫描回程。

当 Y 轴加上被观测的信号,X 轴加上扫描电压,则屏上光点的 Y 和 X 坐标分别与这一瞬间的信号电压和扫描电压成正比。由于扫描电压与时间成比例,所以荧光屏上所描绘的就是被测信号随时间变化的波形。

② 信号与扫描电压的同步。当扫描电压的周期 T 是被观测信号周期的整数倍时,扫描的后一个周期描绘的波形与前一周期完全一样,荧光屏上得到清晰而稳定的波形,这叫做信号与扫描电压同步。

但是实际上,扫描电压由示波器本身的时基电路产生,它与被测信号是不相关的。为此常利用被测信号产生一个同步触发信号去控制示波器时基电路中的扫描发生器,迫使它们同步。也可以用外加信号去产生同步触发信号,但这个外加信号的周期应与被测信号有一定的关系。

③ 扫描过程的增辉。在以上的讨论中假设了描扫回程时间接近于零,但实际上回扫是需要一定时间的,这就对显示波形产生了一定的影响。为使回扫产生的波形不在荧光屏上显示,可以设法在扫描正程期间使电子枪发射更多的电子,即给示波器增辉。这种增辉可以通过在扫描期间给示波管控制栅极 G_1 加正脉冲或给阴极 K 加负脉冲来实现。这样就可以做到只有在扫描正程即有增辉脉冲时才有显示,其他时间荧光屏上没有显示。

对于触发扫描的情况,扫描过程的增辉更为必要。在没有脉冲信号时无扫描输出,或者说扫描发生器处于等待状态,这时 X、Y 偏转电压均为零,荧光屏上只显示一个不变的光点。一个较亮的光点长久集中于屏上一点是不允许的,利用扫描期间的增辉恰好可以解决这个问题。因为在被测脉冲出现的扫描期间,由于增辉脉冲的作用波形较亮;而在等待扫描期间,即波形为一个光点的情况下,由于没有增辉脉冲,光点很暗。这对保护荧光屏是十分重要的。

(2) 显示任意 2 个变量之间的关系

在示波管中,电子束同时受 X 和 Y 两个偏转板的作用,而且两个偏转板上电压的影响又是相互独立的,它们共同决定光点在荧光屏上的位置。这很像两只手共同握住 1 支笔,但是一只手只允许在 X 方向运动,另一只手只允许在 Y 方向运动。若只有一只手作用,只能画 1 条水平或垂直直线,但两只手配合起来,就能够画出任意的波形。利用这种特点就可以把示波器变为一个 X-Y 图示仪,使示波器的功能得到扩展。

这样的 X-Y 图示仪可以应用到很多领域。在用它显示图形前,首先要把 2 个变量转换为成比例的 2 个电压,分别加到 X、Y 偏转板上。荧光屏上任一瞬间光点的位置都是由偏转板上 2 个电压的瞬时值决定的。由于荧光屏有余辉时间和人眼有残留效应,从屏上可以看到全部光点构成的曲线,它反映了 2 个变量之间的关系。

2.3.3 数字示波器

数字示波器(Digital Oscilloscope)是设计、制造和维修电子设备不可或缺的工具。随着科技及市场需求的快速发展,工程师需要用好的工具迅速准确地解决面临的测量挑战。作为工程师的眼睛,数字示波器在迎接当前棘手的测量挑战中至关重要。

1. 数字示波器的简介

数字示波器是运用数据采集、A/D 转换、软件编程等一系列技术手段制造出来的高性能示波器。数字示波器一般支持多级菜单,能提供给用户多种选择和多种分析功能。还有一些示波器可以提供存储,实现对波形的保存和处理。

数字示波器可分为以下 3 类:

① 数字存储示波器 DSO(Digital Storage Oscilloscope),将信号数字化后再建立波形,具有记忆、存储被观测信号的功能,可以用来观测和比较单次过程和非周期现象、低频和慢速信号,以及不同时间、不同地点观测到的信号。

② 数字荧光示波器 DPO(Digital Phosphor Oscilloscope),通过多层次辉度或彩色可显示长时间内信号的变化情况。

③ 混合信号示波器 MSO(Mixed Signal Oscilloscope),把数字示波器对信号细节的分析能力和逻辑分析仪多通道定时测量能力组合在一起,可用于分析数模混合信号交互影响。

2. 数字示波器的主要技术指标

(1) 带　宽

带宽是示波器最重要的指标之一。模拟示波器的带宽是一个固定的值,而数字示波器的带宽有模拟带宽和数字实时带宽 2 种。数字示波器对重复信号采用顺序采样或随机采样技术所能达到的最高带宽为示波器的数字实时带宽,数字实时带宽与最高数字化频率和波形重建技术因子 K 相关(数字实时带宽＝最高数字化速率$/K$),一般并不作为一项指标直接给出。从 2 种带宽的定义可以看出,模拟带宽只适合重复周期信号的测量,而数字实时带宽则同时适合重复信号和单次信号的测量。厂家声称示波器的带宽能达到多少兆,实际上指的是模拟带宽,数字实时带宽是要低于这个值的。例如:TEK 公司的 TES520B 示波器带宽为 500 MHz,实际上是指模拟带宽为 500 MHz,而最高数字实时带宽只能达到 400 MHz,远低于模拟带宽。所以在测量单次信号时,一定要参考数字示波器的数字实时带宽,否则会给测量带来意想不到的误差。

(2) 采样速率

采样速率是数字示波器的一项重要指标,也称为数字化速率,是指单位时间内对模拟输入信号的采样次数,常以 MS/s 表示。如果采样速率不够,容易出现混叠现象。

如果示波器的输入信号为一个 100 kHz 的正弦信号,示波器显示的信号频率却是 50 kHz,如何认识这个问题呢?这是因为示波器的采样速率太慢,产生了混叠现象。混叠就是屏幕上显示的波形频率低于信号的实际频率,或者即使示波器上的触发指示灯已经亮了,而显示的波形仍不稳定。那么,对于一个未知频率的波形,如何判断所显示的波形是否已经产生混叠呢?可以通过慢慢改变扫速 t/div 到较快的时基档,看波形的频率参数是否急剧改变,如果是,说明波形混叠已经发生;或者晃动的波形在某个较快的时基档稳定下来,也说明波形混叠已经发生。根据奈奎斯特定理,采样速率至少应高于信号高频成分的 2 倍才不会发生混叠,例如:一个 500 MHz 的信号,至少需要 1 GS/s 的采样速率。

(3) 存储深度

存储深度也是数字示波器重要的技术指标,是对数字示波器所能存储采样点多少的量度。如果需要不间断的捕捉一个脉冲串,则要求示波器有足够的内存以便捕捉整个事件。将所要捕捉的时间长度除以精确重现信号所须的取样速度,可以计算出所要求的存储深度,也称记录长度。

把经过 A/D 数字化后的 8 位二进制波形信息存储到示波器的高速 CMOS 内存中,就是示波器的存储,这个过程是"写过程"。内存的容量(存储深度)是很重要的。对于数字存储示波器,最大存储深度是一定的,但是在实际测试中所使用的存储长度却是可变的。在存储深度一定的情况下,存储速度越快,存储时间就越短,它们之间是一个反比关系。同时采样率跟时基(timebase)是一个联动的关系,也就是调节时基档位越小采样率越高。存储速度等效于采样率,存储时间等效于采样时间,采样时间由示波器显示窗口所代表的时间决定,所以

$$存储深度＝采样率×采样时间$$

由于数字存储示波器的水平刻度分为 12 格,每格所代表的时间长度即为时基(time-base),单位是 s/div,所以

$$采样时间 = 时基 \times 12$$

由存储关系式知道:提高示波器的存储深度可以间接提高示波器的采样率,当要测量较长时间的波形时,由于存储深度是固定的,所以只能降低采样率来达到,但这样势必造成波形质量的下降;如果增大存储深度,则可以以更高的采样率来测量,以获取不失真的波形。

存储深度决定了实际采样率的大小,也就是说,存储深度决定了数字存储示波器同时分析高频和低频现象的能力,包括低速信号的高频噪声和高速信号的低频调制。

(4) 上升时间

在模拟示波器中,上升时间是示波器的一项极其重要的指标。而在数字示波器中,上升时间甚至都不作为指标明确给出。由于数字示波器测量方法的原因,以致于自动测量出的上升时间不仅与采样点的位置相关,还与扫速有关。

3. 数字示波器的特点

(1) 优点

① 体积小、重量轻,便于携带,为液晶显示器。

② 可以长期储存波形,并可以对存储的波形进行放大等多种操作和分析。

③ 特别适合测量单次和低频信号,测量低频信号时没有模拟示波器的闪烁现象。

④ 触发方式多,除了模拟示波器不具备的预触发,还有逻辑触发、脉冲宽度触发等。

⑤ 可以通过 GPIB、RS232、USB 等接口同计算机、打印机、绘图仪连接,可以打印、存档、分析文件。

⑥ 有强大的波形处理能力,能自动测量频率、上升时间、脉冲宽度等很多参数。

(2) 缺点

① 失真比较大。由于数字示波器是通过对波形采样来显示,采样点数越少失真越大。受到最大采样速率的限制,在最快扫描速度时附近采样点更少,因此高速时失真更大。

② 测量复杂信号能力差。由于数字示波器的采样点数有限以及没有亮度的变化,使得很多波形细节信息无法显示出来,虽然有些可能具有两个或多个亮度层次,但这只是相对意义上的区别,再加上示波器有限的显示分辨率,使它仍然不能重现模拟显示的效果。

③ 可能出现假象和混叠波形。当采样频率低于信号频率时,显示出的波形可能不是实际的频率和幅值。数字示波器的带宽与取样率密切相关,取样率不高时需借助内插计算,容易出现混叠波形。

4. 数字示波器使用时应注意的问题

数字示波器因具有波形触发、存储、显示、测量和波形数据分析处理等独特优点,应用日益普及。但是,由于数字示波器与模拟示波器之间存在较大的性能差异,如果使用不当,会产生较大的测量误差,从而影响测试任务。

(1) 几种可以防止混叠发生的简单方法

① 调整扫速。

② 采用自动设置(Autoset)。

③ 试着将收集方式切换到包络方式或峰值检测方式,因为包络方式是在多个收集记录中寻找极值,而峰值检测方式则是在单个收集记录中寻找最大、最小值,这 2 种方法都能检测到

较快的信号变化。

④ 如果示波器有 Insta Vu 采集方式,可以选用,因为这种方式采集波形速度快,用这种方法显示的波形类似于用模拟示波器显示的波形。

综上所述,使用数字示波器时,为了避免混叠,扫速档最好置于扫速较快的位置。如果想要捕捉到瞬息即逝的毛刺,扫速档则最好置于主扫速较慢的位置。

(2) 采样速率与 t/div 的关系

每台数字示波器的最大采样速率是一个定值。但是,在任意一个扫描时间 t/div,采样速率 f_s 由式(2.1)给出

$$f_s = N/(t/\text{div})$$

式中,N 为每格采样点,当采样点数 N 为一定值时,f_s 与 t/div 成反比,扫速越大,采样速率越低。

(3) 注意上升时间的测量值

虽然波形的上升时间是一个定值,而用数字示波器测量出来的结果却因为扫速不同而相差甚远。模拟示波器的上升时间与扫速无关,而数字示波器的上升时间不仅与扫速有关,还与采样点的位置有关,使用数字示波器时,不能像用模拟示波器那样,根据测出的时间来反推出信号的上升时间。

2.3.4 示波器的选择和使用

示波器种类很多,如何选择使用示波器,是一个很重要的问题。

1. 选择的基本方法

① 必须了解示波器的主要性能指标:频率响应、时域响应、偏转灵敏度、输入阻抗和扫描速度。

② 定性观察信号波形或对波形参数精度要求不高时,一般选择通用示波器。

③ 需要将波形存储起来,便于后期进一步研究,则应选择数字存储示波器。

④ 特殊用途应选择专用示波器,如测量大电压可选择高压示波器。

2. 使用要求

示波器种类很多,要求各不相同,下面主要介绍通用示波器的使用要求。

① 使用前必须认真阅读示波器的技术使用说明书,了解所用仪器及其使用环境要求。

② 备附件和测试线缆要专用,使用前做好校正。

③ 调整聚焦时,用光点聚焦,不要用扫描线聚焦。

④ 注意屏幕的有效面积和观测区域。

⑤ 严禁在不明确仪器功能的情况下随意波动旋钮和按压开关。

2.4 频谱分析仪

电信号的特性可以由它随时间的变化来表征,也可由它所包含的频率分量(即频谱分布)来描述。前者称为信号的时域分析,后者称为信号的频域分析。时域分析与频域分析是从不同的角度去观察同一事物,因此可以相互转换。对于周期性信号,它们是用傅里叶级数相互联系和转换的;对于非周期信号,则是用傅里叶积分相互联系和转换的。

示波器是最重要的时域分析仪器,频谱分析仪是最重要的频域分析仪器,两者都有自己的优点及一定的适用范围。例如:一个信号基波与谐波间的相位变化在示波器屏幕上的反应是很灵敏的,但在频谱分析仪上显示的谱线不变,对其相位变化也没有反应。然而,利用示波器难于观察正弦信号的微小波形失真,而频谱分析仪却能定量测出即使是很小的谐波分量。

频谱分析仪具有多种功能,可测量信号的电平、频率响应、谐波失真、频谱纯度及频率稳定度等,因而在电子测量中获得了广泛应用。

2.4.1 频谱分析仪简介

频谱分析仪是研究电信号频谱结构的仪器,用于信号失真度、调制度、谱纯度、频率稳定度和交调失真等信号参数的测量,可用于测量放大器和滤波器等电路系统的某些参数,是一种多用途的电子测量仪器。它又可称为频域示波器、跟踪示波器、分析示波器、谐波分析器、频率特性分析仪或傅里叶分析仪等。

现代频谱分析仪能以模拟方式或数字方式显示分析结果,能分析 1 Hz 以下的甚低频到亚毫米波段的全部无线电频段的电信号。仪器内部若采用数字电路和微处理器,具有存储和运算功能,配置标准接口,就容易构成自动测试系统。

2.4.2 频谱分析仪分类

频谱分析仪分为实时分析式和扫频式 2 类。前者能在被测信号发生的实际时间内取得所需要的全部频谱信息并进行分析和显示分析结果;后者需通过多次取样过程来完成重复信息分析。实时式频谱分析仪主要用于非重复性、持续期很短的信号分析;非实时式频谱分析仪主要用于从声频直到亚毫米波段的某一段连续射频信号和周期信号的分析。

1. 扫频式频谱分析仪

它是具有显示装置的扫频超外差接收机,主要用于连续信号和周期信号的频谱分析。它工作于声频直至亚毫米波段,只显示信号的幅度而不显示信号的相位,其工作原理是:本地振荡器采用扫频振荡器,它的输出信号与被测信号中的各个频率分量在混频器内依次进行差频变换,所产生的中频信号通过窄带滤波器后再经放大和检波,加到视频放大器作为示波管的垂直偏转信号,使屏幕上的垂直显示正比于各频率分量的幅值。本地振荡器的扫频由锯齿波扫描发生器所产生的锯齿电压控制,锯齿波电压同时还用作示波管的水平扫描,从而使屏幕上的水平显示正比于频率。

2. 实时式频谱分析仪

主要用在存在被测信号的有限时间内提取信号的全部频谱信息,并进行分析及显示结果的仪器,主要用于分析持续时间很短的非重复性平稳随机过程和暂态过程,也能分析 40 MHz 以下的低频和极低频连续信号,能显示幅度和相位。傅里叶分析仪是实时式频谱分析仪,基本工作原理是,把被分析的模拟信号经模数变换电路变换成数字信号后,加到数字滤波器进行傅里叶分析;由中央处理器控制的正交型数字本地振荡器产生按正弦律变化和按余弦律变化的数字本振信号,也加到数字滤波器与被测信号作傅里叶分析。正交型数字式本振是扫频振荡器,当频率与被测信号中的频率相同时就有输出,经积分处理后得出分析结果,供示波管显示频谱图形。正交型本振用正弦和余弦信号得到的分析结果是复数,可以换算成幅度和相位。分析结果也可送到打印绘图仪或通过标准接口与计算机相连。

2.4.3 频谱分析仪工作原理

根据工作原理,可将频谱分析仪分为模拟式与数字式 2 大类。模拟式频谱分析仪是以模拟滤波器为基础的,而数字式频谱分析仪是以数字滤波器或快速傅里叶变换为基础的。

1. 模拟式频谱分析仪工作原理

如图 2-5 所示是模拟式频谱分析仪的工作原理框图。其中,滤波器选出所需频率的信号,检波器将该频率分量变换为直流信号,然后由显示器将此直流信号的幅度显示出来。显示器可以是示波管或电表等,若用电表做指示器,这种仪器称为波形分析仪(或谐波分析仪);若用示波管作显示器,则可显示频谱图。

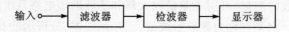

图 2-5 模拟式频谱分析仪工作原理框图

为了显示输入信号的各个频率分量,滤波器的中心频率要么有多个,要么是可变的。根据滤波器的不同形式,模拟式频谱分析仪有以下几种类型。

(1) 顺序滤波式频谱分析仪

如图 2-6 所示是顺序滤波式频谱分析仪的原理图。与图 2-5 相比,将滤波器变为为一组滤波器,这些滤波器的中心频率 $f_{01}, f_{02}, \cdots, f_{0n}$ 是固定的,且有 $f_{01} < f_{02} < \cdots < f_{0n}$。输入信号经放大后送入一组滤波器,滤波器的输出信号通过开关 K 顺序地接入检波器,再经输出放大器送至显示器。

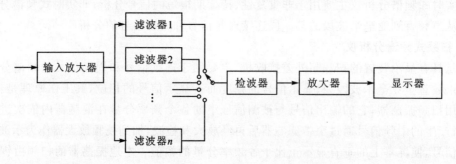

图 2-6 顺序滤波式频谱分析仪原理图

(2) 并行滤波式频谱分析仪

并行滤波式频谱分析仪的原理如图 2-7 所示,与图 2-6 相比,将检波器变为一组检波器,每个滤波器后都接有各自的检波器。

各检波器的输出信号同时接到显示器,因此它能进行实时频谱分析。

(3) 扫描滤波式频谱分析仪

上述 2 种频谱分析方法的缺点是:需要大量滤波器,使仪器相当庞大。为了使用方便,可采用中心频率可调的滤波器来代替大量中心频率固定的滤波器。如图 2-8 所示是中心频率可调的扫描滤波式频谱仪方框图。

扫描滤波法和顺序分析法一样,也是一种非实时滤波法。由于它受到滤波器中心频率调节范围的限制,目前这种方法只适于窄带频谱分析。滤波器中心频率的调节速度不能太高,以

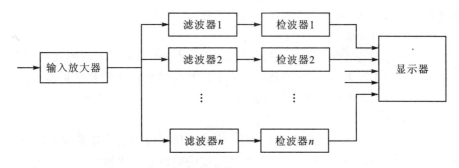

图 2-7 并行滤波式频谱分析仪原理图

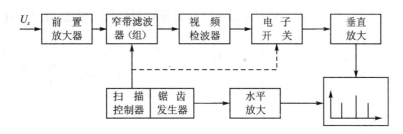

图 2-8 扫描滤波式频谱分析仪方框图

免对过渡特性产生严重影响。

(4) **外差式频谱分析仪**

如图 2-9 所示是用外差原理构成的频谱仪原理图。频率为 f_x 的输入信号在混频器中与频率为 f_L 的本机振荡信号进行差频,只有当差频信号的频率落入中频放大器的带宽内时,即 $f_x - f_L \approx f_1$(f_1 为中频滤波器的中心频率)时,中频放大器才有输出,且大小正比于频率为 f_x 的输入信号的幅度。因此,当连续调节时,输入信号的各频率分量依次落入中频放大器的带宽内。中频放大器的输出信号经检波、放大后,输入到显示器的垂直信道;调节的扫描信号同时加至显示器的水平信道,于是在显示器上就会得到输入信号的幅度频谱图。

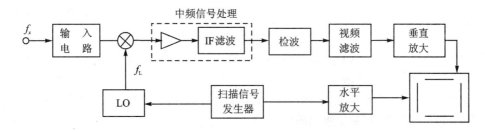

图 2-9 外差式频谱仪原理图

外差式频谱仪工作频率范围宽、选择性好、灵敏度高,因而获得了广泛的应用。

外差法也是一种顺序分析法,因此它不能获得实时显示。由于在频谱分析过程中的绝对带宽是恒定的,这意味着外差式频谱仪更适用于线性频率刻度。因为输入信号的各频率分量是依次送至中频滤波器的,所以滤波器的过渡特性将使本振频率的扫描速度不能太高。

2. 数字式频谱分析仪工作原理

实现数字频谱分析主要有 2 种方法,一种方法是仿照模拟频谱分析的数字滤波法;另一种方法是快速傅里叶分析法,其中后者的发展最为迅速。

(1) 数字滤波式频谱仪

数字滤波式频谱仪的工作原理与模拟滤波式频谱仪基本相同。与模拟式频谱仪相比,它用数字滤波器代替模拟滤波器,在滤波器前加入了取样保持电路和模数变换器。数字滤波器的中心频率由控制器与时基电路使之顺序改变。

(2) 傅里叶分析仪

例如:已知被测信号 $f(t)$ 的取样值 f_k,则可按快速傅里叶变换的计算方法求出 $f(t)$ 的频谱。以此为原理,则可组成频谱分析仪。这种频谱仪的原理方框图如图 2-10 所示。其中,低通滤波器、采样电路、模数变换器和存储器等组成数据收集系统,它将被测信号转换为数字量。这些数据在 FFT 计算器中按快速傅里叶计算法计算出被测信号的频谱,并显示在显示器上。

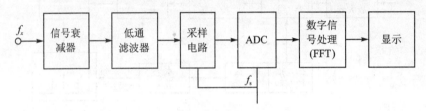

图 2-10 傅里叶分析仪原理图

傅里叶分析仪常做成多通道的,这样不但可同时分析多个信号的频谱,而且可测量各信号间的关系,例如:可以测量信号间的相关函数、交叉频谱等。

2.4.4 频谱分析仪主要技术指标

频谱分析仪的主要技术指标有频率范围、分辨力、分析谱宽、分析时间、扫频速度、灵敏度、显示方式和假响应。

① 频率范围。频谱分析仪进行正常工作的频率区间。现代频谱仪的频率范围能从低于 1 Hz～300 GHz。

② 分辨力。频谱分析仪在显示器上能够区分最邻近的两条谱线之间频率间隔的能力,是频谱分析仪最重要的技术指标。分辨力与滤波器型式、波形因数、带宽、本振稳定度、剩余调频和边带噪声等因素有关,扫频式频谱分析仪的分辨力还与扫描速度有关,分辨带宽越窄越好。现代频谱仪在高频段分辨力为 10～100 Hz。

③ 分析谱宽。又称频率跨度。频谱分析仪在一次测量分析中能显示的频率范围,可等于或小于仪器的频率范围,通常是可调的。

④ 分析时间。完成一次频谱分析所需的时间,与分析谱宽和分辨力有密切关系。对于实时式频谱分析仪,分析时间不能小于最窄分辨带宽的倒数。

⑤ 扫频速度。分析谱宽与分析时间之比,也就是扫频的本振频率变化速率。

⑥ 灵敏度。频谱分析仪显示微弱信号的能力,受频谱仪内部噪声的限制,通常要求灵敏度越高越好。动态范围指在显示器上可同时观测的最强信号与最弱信号之比。现代频谱分析仪的动态范围可达 80 dB。

⑦ 显示方式。频谱分析仪显示的幅度与输入信号幅度之间的关系。通常有线性显示、平方律显示和对数显示 3 种方式。

⑧ 假响应。显示器上出现不应有的谱线。这对超外差系统是不可避免的,应设法抑止到最小。现代频谱分析仪可做到≤－90 dBmw。

思考题

1. 简述测量信号源的分类及特点。
2. 简要回答在基础和专业基础实验课程中,使用示波器有哪些收获和不足。
3. 简述滤波式频谱仪和傅里叶分析仪的原理。

第 3 章　电路参数测量

3.1　时间与频率测量

3.1.1　概　述

1. 时间与频率测量的特点

频率是指信号在单位时间内波形重复变化的次数。如果在一定时间间隔 T 内,信号重复变化了 N 次,则频率可表达为

$$f = \frac{N}{T} \tag{3.1}$$

信号的频率和周期互为倒数,所以它们之间测量可以相互转化。时间与频率测量最显著的特点就是测量精度高。频率是迄今为止复制得最准确(10^{-13} 量级)、保持得最稳定(10^{-14}/星期)而且测量得最准确的物理量,因此经常利用某种确定的函数关系把其他电参数转换为频率进行精确地测量。

时间与频率测量技术对国民经济与国防建设意义重大。例如:皮秒量级的精确时间间隔测量技术是高精度激光脉冲测距、超声波侧距和雷达侧距的基础,提高时间测量分辨率,就意味着有效提高导航与定位、制导与引爆的准确度。

2. 频率测量方法分类

频率测量的实现有多种方法,可以如图 3-1 所示进行分类。

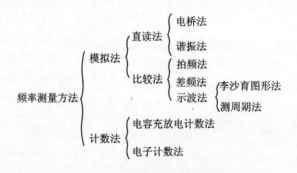

图 3-1　频率测量的实现方法

直读法利用交流电桥平衡条件与频率相关的特点,通过阻抗测量频率。这种方法调节不便、误差较大。谐振法使用 LC 谐振回路,通过调节电容使回路电流最大,此时谐振频率与被测频率相同。该方法多用于高频段的测量。

比较法是将被测信号频率与一个已知信号频率相比较,通过观察比较结果测量被测信号频率,例如:拍频法、差频法与示波法等。其中,拍频法是将标准频率与被测频率叠加,通过指示表(耳机、电压表或示波器)来判别。这种方法适用于音频测量,现已很少使用。差频法是将

标准信号与被测信号进行混合,得到一个差频信号,经放大后由仪表指示。外差式频率表是这种测量方法的代表,它适用于几十兆赫兹以上频率的测量。示波法有李沙育图形法和测周期法2种。前者是将被测信号与已知信号分别接至示波器Y和X输入端,利用不同频率比显示的图形来计算被测信号的频率;后者用宽带示波器通过测量周期的方法获得被测信号的频率值,虽然误差较大,但对于精度要求不太高的场合是比较方便的。

计数法有电容充放电计数法及电子计数法2种。前者是利用电子电路控制电容器充放电的次数,再用磁电式仪表测量充电(或放电)电流的大小,从而指示出被测信号的频率值。这是一种直读式仪表,误差较大,只适用于低频的测量。后者是用电子计数器对单位时间内通过被测信号的周期数进行计数实现频率测量,这是最好和最常用的频率测量方法。

3.1.2 时间频率标准

时间频率的标准包括天文时标、精密钟、音叉、高稳定度石英晶体振荡器和各种原子频率标准,近年来又发展了光频标。下面分别对天文时标、原子频标及石英晶体振荡器3种时间频率标准进行介绍。

1. 天文时标

时间和频率测量不可能像对距离或长度测量那样用相同的标尺做任意多次测量,而时间是流逝的。制定时间频率的标准在某种意义上就是要寻找某种按严格相等的时间间隔重复出现的周期现象。

长期以来,人们把地球自转当做符合上述要求的频率源,把由地球自转确定的时间计量系统称为世界时。随后人们又制定了根据太阳来计量时间的计时系统,称为平太阳时系统。它假想一个平太阳在天球赤道上移动,它的速度等于太阳视运动的平均速度。平太阳连续两次通过子圈的时段,叫做平太阳日。从而产生了时间计算单位——秒的第一次严格定义,即:秒是平太阳日的$1/86\,400$。

由于地面上每个观测点都有自己的子午圈,在同一瞬时,不同经度上的观测点将有不同的时刻位。通常把这样的天文观测直接测定的世界时称为地方时,记做UT_0。在UT_0的基础上修正了地球极移的影响,产生了UT_1;在UT_1的基础上修正了季节性变化的影响,产生了UT_2。它的稳定度比世界时提高了2个数量级,达到了$\pm 1\times 10^{-9}$量级。

科学技术的发展,对时间计量的准确度提出越来越高的要求。为了适应这种需要,国际天文学会定义了以地球绕太阳公转为标准的计时系统,称为历书时ET。1952年9月,国际天文学会第8次大会通过了历书时的正式定义。这种计时系统采用1900年1月1日0时(UT)起的回归年长度作为计量时间的单位。定义"秒是按1900年起始时的地球公转平均角速度计算出的一个回归年的"$1/31\,556\,925.974\,7$",称为历书秒。86 400历书秒被规定为一历书日。历书秒可以认为是"秒"的第2次定义,它在1960年的第11届计量大会上得到认可。

2. 原子频标

以天体运动为基础的宏观计时标准准确度已基本满足天体力学的需要,但由于操作麻烦、观测周期长,仍不能满足物理学上的某些要求,具有较大的局限性。为了寻求更加恒定、又能迅速测定的时间标准,人们的目光就从宏观世界的研究转向微观世界的研究。

由于原子从某种能量状态转变到另一种能量状态时,其辐射或吸收的电磁波频率相对比较稳定和精确,因此可以作为一种标准频率来计量时间,即出现了原子频标。由于微观原子、分子本身的结构及运动的永恒性大大优于宏观的天体运动,因此该频率基准的准确度和稳定度都远远超过天文标准。

1967年第13届国际计量大会通过新的原子秒的定义:"秒是铯-133原子基态的两个超精细结构能级之间跃迁频率所对应的辐射的9 192 631 770个周期所持续的时间"。并且自1972年1月1日时起,时间单位"秒"由天文秒改为原子秒,同时时间标准则由频率标准来定义。目前,铯原子钟的精度已经达到10^{-15}量级,也就是数百万年不差1秒。

(1) 原子频标的基本原理

根据量子理论,原子和分子只能处于一定的能级,其能量不能连续变化,而只能跃迁。当由一个能级向另一个能级飞跃时,就会以电磁波的形式辐射或吸收能量,频率f严格地取决于两能级间的能量差,即

$$f = \Delta E / h \tag{3.2}$$

式中,h为普朗克常量;ΔE是跃迁能级间的能量差。若从高能级向低能级跃迁,便辐射能量;反之,则吸收能量。由于该现象是微观原子或分子所固有的,因而非常的稳定。若能设法使原子或者分子受到激励,便可得到相应稳定而又准确的频率,这就是原子频标的基本原理。

(2) 原子频标简介

原子频率标准可以分为主动型(有源)和被动型(无源)2种。主动型的有氢激光器、铷激光器等,由量子振荡器直接输出标准频率信号;被动型的有铯束原子频率标准、气泡型铷原子标准和吸收型氢原子频率标准等,它们的量子系统不能够直接输出标准频率信号,而是通过量子系统的受激跃迁吸收频率信号。

铯原子频标长期稳定度高、复制性好、受环境和系统变化影响小,是国际上规定的复现秒定义的标准装置。有大铯钟和小铯钟2种。前者的铯束管大、精度高,用于国际基准和国家一级标准;后者的铯束管小、精度低,但体积小、重量轻,且能长期连续工作,中央电视台频标就采用小铯钟。目前国际上基准型铯原子钟准确度达10^{-14}量级;在充分长的平均时间里,稳定度为10^{-14}数量级。

气泡型铷原子频标是使用数量最多的原子频标,由于电路及工艺发展,造价越来越低,体积越来越小(已做到接近恒温晶体振荡器大小),可望在许多场合下代替高稳定度的晶体振荡器并获得更高的精度。气泡型铷原子频标的最大优点是短稳好、体积小、重量轻,但由于存在频移因素,不适作一级频率标准。高精度铷原子频率标准准确度达10^{-11}量级,秒级稳定度达到10^{-12}量级。

氢原子频标为一种自激式频率源,称为氢脉源,可以直接输出频率。氢原子频标的短期稳定度很好,可达$10^{-14} \sim 10^{-15}$量级;但由于存储泡壁移效应的影响,准确度只能达到10^{-12}量级。氢原子频标复制性好,可作一级频率标准使用,但结构较复杂,笨重昂贵。

3. 石英晶体振荡器

(1) 石英晶体

石英晶体是一种各向异性的二氧化硅晶体,两端成角锥形,中间是1个六面体,如图3-2所示。石英晶体具有正、逆压电效应,即:沿某一些机械轴或者电轴对其施加压力时,在与它们垂直的两个表面上将产生异号电荷,其值与机械压力产生的形变位移成正比;反之,若在晶体两面之间加一电场,则根据电场方向的不同,晶体将沿电轴或者机械轴延伸或压缩,其延伸或压缩量与电场强度成正比。上述正、逆压电效应就是石英晶体可以用作谐振器的物理基础。

石英晶体谐振器是一种体波谐振器,谐振频率主要由切割方位、振动模式以及晶体片的尺寸决定。对谐振器频率能够产生影响的因素主要有温度、老化、激励电平等。温度是影响晶体及振荡器频率最主要的因素之一。同时石英晶体的谐振频率会随着工作时间发生缓慢而单调(增加或减小)的变化,这种物理现象称为晶体的老化。在精密晶体振荡器中,振荡频率对晶体振荡幅度,即晶体电流或激励电平(又称晶体耗散功率)也有明显的依赖关系。另外核辐射照射以及加速度的变化都可能改变晶振的频率。当晶体振荡器用于特殊的需要时,如军用情况下,这些因素引起的频率变化是不容忽视的。

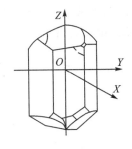

图 3-2 石英晶体的坐标轴

(2) 3 种石英晶体振荡器

① 普通晶体振荡器。这种晶体振荡器被大量用于各种电子设备中,如在计算机中作为时钟信号源。它只含有主振电路和输出电路,没有对温度、对振荡器频率的影响采取任何措施。输出电路用于对振荡信号进行放大、选频和在主振电路与负载之间起隔离作用。普通晶体振荡器的频率稳定度在一般条件下容易达到 $10^{-4} \sim 10^{-5}$ 量级。

② 温度补偿晶体振荡器。温度补偿晶体振荡器(TCXO)是对振荡器所用晶体的频率随温度变化进行了自动温度补偿,它可以在宽的温度范围内满足 $10^{-6} \sim 10^{-7}$ 量级的频率稳定度。温度补偿方法可以有模拟的、数字的和微机补偿几种,其中,使用量最大的是模拟方法补偿的温补晶振。如图 3-3 所示,该补偿网络的输出电压可以随环境温度的变化而变化,变化关系与所用晶体的频率—温度特性相对应,通过变容二极管对晶体频率进行调节后,补偿了晶体频率随温度的变化,使振荡器输出信号的频率随温度的漂移被大大改善。

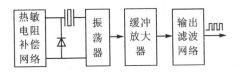

图 3-3 TCXO 原理框图

③ 恒温晶体振荡器。在所有的晶体振荡器中,恒温晶体振荡器由于使用了恒温装置,稳定度最好,老化率最小。

3.1.3 时间与频率的测量原理

1. 模拟测量原理

频率和时间模拟测量技术按工作原理可分为直读法和比较法 2 类。

(1) 直读法

直接利用电路的某种频率响应特性来测量频率值。在某些电路中,输入被测频率 f_x 是电路和设备的已知参数 $a,b,c,\cdots$ 确定的函数关系,即 $f_x = \varphi(a,b,c,\cdots)$。进行测量时,利用各种有源和无源的频率比较设备和指示器来确定这种函数关系的具体形式,以获取被测信号的频率。这种测频方法简单,但是精度低。测量误差主要来自于频率特性函数式的理论误差、各参数的测量误差以及判断误差。谐振法和电桥法是典型代表。

① 谐振法。谐振法测频原理如图 3-4 所示。被测信号经互感器 M 耦合到 LC 串联谐振

电路中，如果改变电容量值的大小 C，当谐振电路产生谐振时回路电流 I 达到最大，与电容相串联的电流表指示也将达到最大。

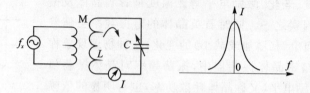

图 3-4　谐振法测频原理

通常，被测频率用式(3.3)计算。一般，L 是预先给定的，可变电容采用标准电容。测量时，调节标准电容使回路谐振，可根据旋转的电容量直接得到被测信号的频率。

$$f_x = f_0 = \frac{1}{2\pi\sqrt{LC}} \tag{3.3}$$

② 电桥法。原则上只要平衡条件与频率相关电桥都可以作为测频电桥。考虑到电桥的频率特性尽可能尖锐，通常都采用如图 3-5 所示的文氏电桥。

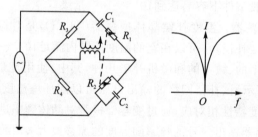

图 3-5　文氏电桥

这种电桥的平衡条件为

$$\left(R_1 + \frac{1}{\mathrm{j}\omega_x C_1}\right)R_4 = \left(\frac{1}{\mathrm{j}\omega_x C_2 + \frac{1}{R_2}}\right)R_3 \tag{3.4}$$

式(3.4)两端的实部和虚部应分别相等，从而可得被测角频率为

$$\omega_x = \frac{1}{\sqrt{R_1 R_2 C_1 C_2}} \text{ 或 } f_x = \frac{\omega_x}{2\pi} = \frac{1}{2\pi\sqrt{R_1 R_2 C_1 C_2}} \tag{3.5}$$

取 $R_1 = R_2 = R, C_1 = C_2 = C$，可得 $\omega_x = \frac{1}{RC}$，借助 R（或 C）的调节，可使电桥对被测频率 f_x 达到平衡(指示器指示最小)，故可变电阻 R（或可变电容 C）上即可按频率进行刻度。

这种测频电桥的准确度，主要受到桥路中各元件的准确度、判断电桥平衡的准确程度（取决于桥路谐振特性的尖锐度，即指示器的灵敏度）和被测信号的频谱纯度的限制，一般约为 $\pm(0.5\sim1)\%$。

(2) 比较法

比较法通过利用标准频率 f_s 和被测频率 f_x 进行比较来测量频率，这种测量方法的准确度比较高。拍频法、差频法、示波法是这种测量法的典型代表。拍频法是把被测信号和标准信号叠加在线性元件(如耳机、电压表或示波器等)上测量频率。如果两个频率都在音频范围内，

当标准频率 f_s 与被测频率 f_x 相差很大时,则可从耳机中听到两个高低不同的音调;当 f_s 逐渐靠近 f_x 且两者相差几赫兹时就分辨不出两个信号音调(频率)的差别,只能听到声音响度(幅度)做周期性变化的单一音调信号,这种现象在声学上称为"拍"。声音响度变化的频率,正好就是两个频率之差。当两个频率越来越接近时,声音的节拍越来越慢,当两个信号频率完全相等时,合成信号的强度保持不变。这时被测频率等于标准频率。

2. 数字测量原理

频率是在时间轴上无限延伸的,因此对频率的测量需要确定一个取样时间。对频率进行计数或对时间进行测量的核心部件是比较器和计数器。为了具备测频或测时功能,在计数电路前还要设计一个门电路(主门),在规定的时间内打开主门,允许信号进入计数电路做累加计数。在给定的标准时间内累计待测输入信号的脉冲个数,即可实现对频率测量;在未知的待测时间间隔内累加的标准时间脉冲个数,就可实现对待测信号周期或时间间隔的测量。原理电路如图 3-6 所示。

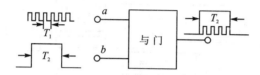

图 3-6 信号时间与频率数字测量基本原理图

基于数字方法的时间频率测量,可完成对信号频率、信号周期、多信号间频率比以及时间间隔的测量等。

(1) 频率测量

频率测量原理可通过图 3-7 加以说明。将待测频率信号 f_x 通过计数闸门(闸门时间由参考频率信号产生)直接计数,计数值和参考闸门时间的比即为待测信号的频率测量值,即 $f_x = N/T_C$,其中 f_x 代表未知信号的频率,N 表示在长度为 T_C 的闸门时间内对未知频率的计数结果。

从图 3-7 的测频原理图可以看出对未知信号频率的测量过程:输入信号通过整形电路形成计数的窄脉冲,时钟振荡电路产生高稳定度的时基信号,经过分频作为门控双稳态电路的开门信号;在开门时间内,被测信号通过闸门进入计数器计数并显示。若闸门开启时间为 T_C 和输入信号频率为 f_x,则计数值为

$$N = \frac{T_C}{T_x} = T_C f_x \tag{3.6}$$

假设,所用闸门时间为 1 s,计数器的值为 1 000,则被测频率应为 1 000 Hz 或 1 kHz。通常电子计数器的闸门时间有 5 档,分别为 1 ms、10 ms、0.1 s、1 s、10 s。这样在改变闸门时间时,频率的显示单位分别对应为 1 kHz、100 Hz、10 Hz、1 Hz 和 0.1 Hz。

(2) 周期测量

由于周期和频率互为倒数,因此在测频的原理电路中对换一下被测信号和时标信号的输入通道就能完成周期的测量。

(3) 频率比的测量

频率比 $\dfrac{f_A}{f_B}$ 测量的原理如图 3-8 所示。2 个信号中频率较低的信号(周期大的)加到门控

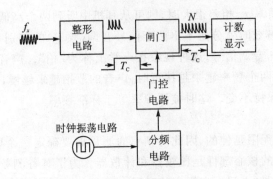

图 3-7　频率测量原理图

电路输入端做为开门信号,频率较高的信号(周期小的)作为计数信号。得到的计数值即为 2 个频率的比值。

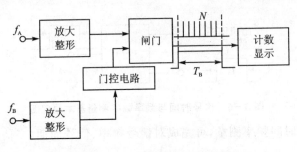

图 3-8　频率比测量原理图

(4)时间间隔的测量

时间间隔测量分周期性时间间隔和非周期性时间间隔的测量 2 种。非周期性时间间隔测量是指对一个开启和一个关闭信号之间的时间间隔进行测量。而周期性时间间隔则是针对重复出现信号时间间隔进行测量,通常表现为频率标称值相同的频率信号之间的相位差的测量。用于非周期性时间间隔测量的技术也同样适合于周期性时间间隔的测量,但反之不成立。

时间间隔的测量原理图如图 3-9 所示。时间起始和停止脉冲经 B 和 C 2 个输入通道,分别触发 RS 触发器,产生 $T_x = T_c - T_b$ 的闸门信号宽度。在时间间隔 T_x 所形成的开门时间内,对 A 通道输入的时标信号进行计数,若计数值为 N,则 $T_x = NT_0$。通过选择 2 个输入通道的触发极性和触发电平可以完成 2 输入。信号任意两点之间时间间隔 L 的测量。B、C 通道分别加上信号 V_B、V_C 后的情况:如果 B、C 通道的触发电平均选择为各自输入信号幅度的

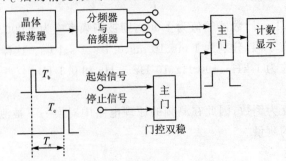

图 3-9　时间间隔测量原理

50%,而且两通道的触发极性均选为正,就可测得 V_B 和 V_C 的上升沿 50%电平点之间的时间间隔。如果需要测量同一个输入信号的任意两点之间的时间间隔,可以把被测信号同时送入 B、C 通道,分别选取触发电平和触发极性以产生开始和停止信号。

3.1.4 时间和频率高精度测量技术

利用图 3-8 及图 3-9 所示的方法进行信号频率及周期测量时,由于存在着对被测信号的±1 个读数的误差,当被计数信号频率值低的时候就会对测量精度造成较大影响,即:整个测量范围的测频精度是不相同的。为了提高低频测量的精度,可用测量周期的方法间接计算出频率。即:采用多周期同步测量技术,针对普通的频率或周期测量方法中±1 个读数的误差,来源于被计数脉冲信号和闸门时间信号之间的不同步,设法使被计数脉冲信号和闸门时间信号之间实现同步。多周期同步测量原理框图如图 3-10 所示。

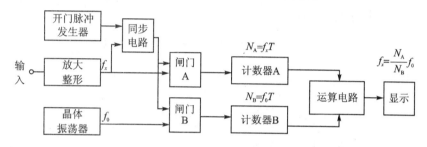

图 3-10 多周期同步测量原理框图

根据如图 3-11 所示,在测量开始,开门脉冲发生器输出高电平,被测信号上升沿来时,同步闸门就变为高电平,计数器 A 和计数器 B 开始分别对被测信号和标准信号计数。当达到预制闸门时间长度 T_0 时,同步闸门信号并未立即变低,而是要等被测信号的下一个上升沿到来时才会变低,2 个计数器停止工作。这样,同步闸门和被测信号同步,准确地等于被测信号的整数倍。

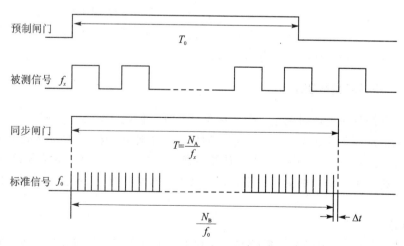

图 3-11 多周期同步测量时序图

f_x 为输入信号频率,f_0 为标准信号频率。A、B 两个计数器在同一闸门时间 T 内分别对

f_x 和 f_o 进行计数,计数器 A 的计数值 $T_A = f_x T$,计数器 B 的计数值 $N_B = f_o T$,由于

$$\frac{N_A}{f_x} = \frac{N_B}{f_o} = T \tag{3.7}$$

则,被测频率 f_x 为

$$f_x = \frac{N_A}{N_B} f_o \tag{3.8}$$

用多周期同步法测频时的误差为

$$\delta = \frac{|f_x - f_{xo}|}{f_{xo}} \times 100\% \tag{3.9}$$

式中,f_{xo} 为被测信号的真实值,可以认为

$$f_{xo} = \frac{N_A}{T} \tag{3.10}$$

对标准信号计数产生的计时误差为

$$\Delta t = T - \frac{N_B}{f_o} \tag{3.11}$$

由图 3-11 可知

$$f_x = \frac{N_A}{N_B} f_o = \frac{N_A}{\frac{N_B}{f_o}} = \frac{N_A}{T - \Delta t} \tag{3.12}$$

将式(3.10)与式(3.12)代入式(3.9)可得

$$\delta = \frac{|f_x - f_{xo}|}{f_{xo}} \times 100\% = \frac{\Delta t}{T - \Delta t} = \frac{\Delta t \, f_o}{N_B} = \frac{\Delta t}{N_B \, T_o} \tag{3.13}$$

式中,T_o 为标准信号的周期。一般情况下,$\Delta t \leqslant T_o$,当 $\Delta t = T_o$ 时,有最大误差 $1/N_B$。

可见,N_B 越大,即测量时间越长时,相对误差越小。当测量时间一定时,误差与被测信号的频率无关,即在整个测频范围内为等精度测量,因此多周期同步测量法又被称为**等精度测量法**。

除了多周期同步测量技术可以完成对频率与时间的高精度测量外,利用相检宽带测频技术也可以克服一般频率测量中±1 个数字的计数误差,使得测量精度得到大幅提高,利用这种技术生产的高分辨率频率计的测量分辨率可以达到 $1 \sim 3 \times 10^{-10}$ s。

3.1.5 微波频率测量技术

射频频率的测量主要通过电子计数式频率计实现。但电子计数式频率计的测量上限主要取决于计数器的最高工作速率。在测量很高的信号频率时,一般的方法是先进行频率转换,即把微波频率转换到较低的射频频率,再用计数器直接计数,最后将所测的值乘以频率转换比或加上差值就可得到被测信号的射频频率。该方法主要包括置换法、变频法、置换变频法和取样法等。

1. 置换法

置换法的灵敏度高,但是分辨率较差。它利用一个频率较低的置换振荡器,与被测微波频率 f_x 进行分频式锁相,从而把 f_x 转换成较低频率(1 000 MHz 下),置换法原理如图 3-12 所示。

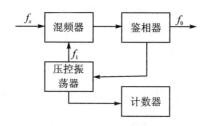

图 3-12 置换法测量微波频率原理图

当锁相环锁定时,被测频率为

$$f_x = Nf_1 + f_0 \quad (3.14)$$

式中,f_1 为压控(置换)振荡器的频率;f_0 为计数器内部的标准频率。

如图 3-13 所示为自动置换装置的基本组成。输入微波信号经过功率分配器分成 A、B 两路进入谐波混频器。A 通道信号经衰减器、高通滤波器滤除低频干扰后,在谐波混频器 A 内与压控振荡器 f_1 的 N 次谐波混频。由于是未知的,为了自动进行测量,在压控振荡器采用扫频振荡方式,由主控制器控制自动在一定频率范围内连续扫频。当压控振荡器为某一频率 f_1 时,使混频器输出 f_A 满足如下关系,即

$$f_A = f_x - Nf_1 \quad (3.15)$$

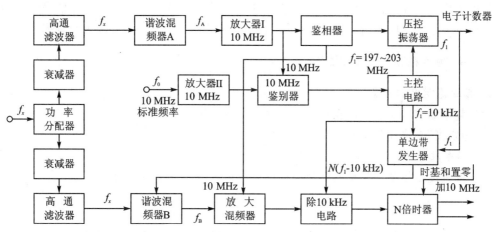

图 3.13 自动置换装置基本组成

此时,中心频率为 f_0(设为 10 MHz)的放大器 I 就有输出,把它接到 ±10 MHz 鉴别器与 10 MHz 标准频率 f_0 来比较,当它为 10 MHz(即 $f_x > Nf_i$)时,±10 MHz 鉴别器输出信号,通过主控制器使压控振荡器停止扫频,它的振荡频率固定为 f_1。放大器 I 的 10 MHz 输出还加到鉴相器与 10 MHz 的标准频率鉴相,鉴相器输出电压微波调压振荡器的频率,使振荡频率 f_1 跟踪被测频率的变化。在整个测量过程中,使上述关系严格成立,A 通道处于跟踪状态。压控振荡器输出 f_1 信号送至电子计数器测量,再乘以 N 并加上 10 MHz,便得到被测 f_x 值。B 通道是为求 N 值而设立的。

2. 变频法

变频法又称为外差法,工作原理如图 3-14 所示。它以电子计数器内部的晶体振荡器频率 f_0 为基准频率,经过阶跃二极管产生丰富的谐波,再由谐振腔取出所需要的谐波与被测信

号混频,获得中频为 f_1 的信号进入计数器计数,所以被测信号频率为

$$f_x = Nnf_0 \pm f_1 \tag{3.16}$$

式中,f_0 为基准频率;N 和 n 为倍频次数。

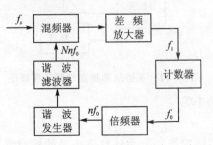

图 3-14 倍频法测量微波频率原理图

3. 其他微波频率测量技术

对微波频率还可以采用置换变频法与取样法进行测量。置换变频法吸收了置换法与变频法两者的优点,具有较高的分辨力,同时被测信号不包括在锁相环路内,当被测信号是调频或调幅波时,环路无不稳定现象。取样法是将被测频率 f_x 分频成 f_x/N 送入计数器进行计数,同时利用低频振荡产生频率为 f 的信号并与 f_x/N 合成后得到 $(f_x/N)+f$ 的信号,去控制取样电路的取样门。在取样电路中对被测信号进行取样得到频率为 Nf 的低频信号,然后在比率门中将 Nf 频率除以 f,就可以得到分频系数 N。最终计数显示的即为被测频率 f_x。

3.1.6 频率稳定度与频率比对

1. 频率稳定度的概念

对于频率而言可从两方面表征频率特性,一是用"频率准确度"来描述频率的准确性,二是用"频率稳定度"来描述频率的稳定性。

(1) 频率准确度

频率准确度是指某一频率实际值与标称值的相对偏差,可以表示为

$$\alpha = \frac{f_x - f_0}{f_0} = \frac{\Delta f}{f_0} \tag{3.17}$$

实际上,标称值是根据铯原子频标定义的。所以,准确度也就是频率 f_x 与标称值的铯标比较而得的相对频差。

高精度频率源准确度的好坏,不仅与频率源的好坏有关,同时也取决于时间、环境等因素。以晶体振荡器为例,晶体振荡器长期工作时,由于晶体的老化率和振荡器的闪变噪声的存在,引起晶体振荡器频率的慢漂移。此外,周围环境的温度、湿度和其他干扰因素也影响振荡器频率的稳定性。由此看来,高精度频率源的频率准确度随着时间和条件不同而不同,因而必须用频率准确度在一定时间内的变化大小来衡量频标的稳定度。

(2) 频率稳定度

频率稳定度是指在一定时间间隔内频率准确度的变化情况,或者说是指频率稳不稳的问题。引起频率变化的因素很多,对频率的影响也各不相同,有的引起系统漂移,有的引起随机变化,在不同的取样时间内又各有不同的影响。因此,某一个具体的特征量来表征频率源"稳"的特性是不够的,需要根据引起频率变化的几种主要因素,综合考虑来分别说明。按照观测时

间的长短,可分为长期稳定度和短期稳定度。

长期稳定度是指年、月、周、天、小时内频率的相对变化。对于晶振来说,主要是器件老化引起的频率漂移。外界条件(如环境温度、电源电压等)引起的频率变化可以采用相应的措施(如恒温、稳压等)大大减小。短期稳定度是指短于几秒内的频率抖动,这种抖动是由于频率源内各种随机因素引起的。研究频率源的频率稳定度主要是指短期稳定度。用于计数器的石英振荡器,输出频率在1 s内稳不稳具有重要意义,故常用"秒级稳定度"来表征。

2. 短期频率稳定度的时域表征及测量

测量晶振的短期稳定度主要是为了反映晶体内部的噪声特性,因此,这项指标的测试应在恒定的环境条件和无外界干扰的情况下进行。讨论短期稳定度时,由于长期的频率漂移可以忽略不计,所以可作为随机过程来处理。短期稳定度是表征一个频率源的拾出频率所能达到的最高精密度的界限。

目前,对短期频率稳定度的表征提出了2种基本定义,即:时域定义和频域定义。前者在时域内用相对频率起伏来表征频率的不稳定性,后者则在频域内用相位噪声来表征频率的不稳定性,在数学上二者是傅里叶变换与反变换的关系,因而是等效的。

一个频率源的输出信号可用下列数学模型近似描述

$$V(t) = [V_0 + \varepsilon(t)]\sin[2\pi f_0 t + \varphi(t)] \tag{3.18}$$

式中,V_0为输出的标称幅度;f_0为标称频率;$\varphi(t)$为由噪声引起的信号的相位起伏。

受噪声影响,频率源输出频率$f(t)$将在f_0上下起伏,如果频率的相对起伏用以$y(t)$来代表,则

$$y(t) = \frac{\varphi'(t)}{2\pi f_0} \tag{3.19}$$

式(3.19)反映了频率的瞬时变化,可以用它来度量输出频率偏离平均值的程度。

瞬时频率$f(t)$是指在某一时刻t的频率值,它是一个随机变量,因此单次测量不能说明问题,而要通过多次测量的统计特性来表征。由概率论的知识可知,在测量次数趋于无限大时,随机变量$f(t)$的算术平均值为数学期望。一个随机变量$f(t)$的方差可表示为

$$\sigma^2(f) = \lim_{T \to \infty} \frac{1}{2T} \int_{-T}^{T} [f(t) - \bar{f}]^2 dt = E\{f(t) - E[f(t)]\}^2 \tag{3.20}$$

由于实际上严格意义上的瞬时频率是难于测量的,而且测量的次数总是有限的,因此有实际意义的、可实现的测量是在有限时间间隔$t \sim (t+\tau)$内测量出随机起伏的平均值$\bar{f}_{t,\tau}$,即

$$\bar{f}_{t,\tau} = \frac{1}{\tau} \int_{t}^{t+\tau} f(t) dt \tag{3.21}$$

它仍然是随机变量,可以用来近似地表示$f(t)$。在实际测量时,通常是在有限的时间内对随机变量进行有规律的采样。采样方差与测量次数N、测量周期T及取样时间τ有关,即

$$\sigma^2(N, T, \tau) = \left\langle \left(\bar{f}_i - \frac{1}{N}\sum_{i=1}^{n} \bar{f}_i\right)^2 \right\rangle \tag{3.22}$$

3. 短期频率稳定度的频域表征及测量

(1) 频域表征

相位噪声是频率短期稳定度的指标之一。一般是指各种随机噪声作用下引起的输出信号相位起伏或者频率起伏。在频域有

$$\langle y(t)^2 \rangle = \int_0^\infty S_y(f) \mathrm{d}f \tag{3.23}$$

式中，f 为傅里叶频率；$\langle \cdots \rangle$ 表示在无限长时间内的平均。将 $y(t)$ 看做随机电压时，式左边相当于 1 Ω 电阻上的平均功率。所以，$S_y(f)$ 是瞬时相对频率起伏 $y(t)$ 的功率谱密度。用频谱分析仪计量出谱密度，就可以来表征信号源的频率稳定度。

(2) 零拍法

单边带相位噪声最简单的测量方法是零拍法，测量原理图如图 3-15 所示。

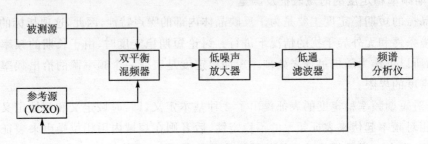

图 3-15 零拍法测量基本原理图

将被测信号与同标称频率的标准信号一起加到鉴相器中鉴相。鉴相器是由双平衡混频器组成的低噪声鉴相器，它只响应于相位变化而与输入信号幅度无关。此鉴相器的输出是一无规则起伏的噪声电压。这个电压经过放大、低通滤波以后，用波形分析仪或频谱分析仪来分析此噪声的频谱，选出不同频偏 f_m 上的相位噪声，通过计算就可以得到 $\Phi(f_m)$ 值。

这样，偏离被测频率 f_0 为 f_m 时的单边带相位噪声谱密度为

$$\Phi(f_m) = 20\lg\left[\frac{U_x(f_m)}{K_\varphi A \sqrt{2} \sqrt{B}}\right] \tag{3.24}$$

式中，K_φ 为鉴相器灵敏度，单位为 V/rad；A 为低噪声放大器电压增益；B 为波形分析仪带宽，单位是 Hz；$U_x(f_m)$ 为用调谐到 f_m 上的波形分析仪测出的有效值电压。

4. 频率比对

频率比对往往是在 2 个具有相同的频率标称值，或者 2 个频率标称值具有一定的比例关系的频标信号之间的高精度频率测量，也就是比对的频率范围很窄，但是要求的比对精度又很高。频率比对中常采用的方法是在对最终测量结果相关的一系列中间量进行精密测量的基础上，经过对它们相互关系的处理获得相当高的测量精度。

作为最常用的电子测量仪器，示波器可以很方便地以时间为基础显示 2 个频率信号之间的时间或相位关系，这里介绍几种频率比对方法。

(1) 差频周期法

在频率标准比对中，2 个比对频率标准的频率值很接近，将被计量频率信号与标准频率信号混频，从混频器中取出差拍信号，用来控制计数器闸门的开闭，计量差拍信号在连续两次相位相同时的时间间隔内的实际脉冲数，从而得到差拍信号的周期，如图 3-16 所示。这样，由于被计量的量已变为低频差拍信号的周期，所以，±1 个数的计数误差对计量结果的影响大为减小，提高了计量频率的准确度。

差频周期法的缺点是，差频周期的大小是难以确定和规范化的。这对于频率稳定度的测量造成了困难。所以，在实际的差频周期法测量装置中都有意把标准频率信号的频率值做成

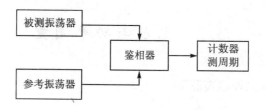

图 3-16 差频周期法

与常用的被测频率信号有一定的差值。将这2个频率信号混频得到的拍频信号,经过滤波器和限幅放大器进行多周期测量。周期测量实质上是将相位起伏转换为时间或周期的变化进行测量。由于系统简单,因而产生的噪声也较小。

由于稳定度的测量是通过2个振荡器之间的相互比对进行的,因此参考晶振的频率稳定度、拍频频率的选择和鉴相(混频)器的噪声都会使得测量精度受到影响。

利用差频周期法比对信号频率稳定度的公式为

$$\sigma_y = \frac{f_B^2}{f_0 P} \sqrt{\sum_{i=1}^{m} \frac{(\tau_{i+1} - \tau_i)^2}{2m}} \quad (3.25)$$

式中,f_0 为标准频率信号;f_B 为拍频频率;P 为计数器的周期倍乘。用差频周期法测量频率稳定度具有很高的测量分辨率,测量上限主要取决于低噪声混频器。

(2) 频差倍增法

将被计量频率信号与标准频率信号分别倍频 m 倍和 $m-1$ 倍,再混频可以得到扩大了 m 倍的频差,如图 3-17 所示。反复使用这种方法 n 次,可将频差扩大 m^n 倍。最后将扩大 m^n 倍的频差送到计数器进行直接频率或周期测量。

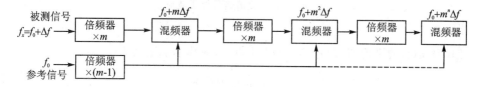

图 3-17 频差倍增法原理框图

从图中可以看出,在频差倍增器中,倍增把差频加中心频率倍增上去,而混频又把频率拉回到归一化的基础频率上。这样,两个信号间的差频得到倍增,再由计数器测频。差值 Δf 中包括了系统误差引起的差值 Δf_1 和噪声引起的差值 Δf_2。

思考题

1. 如何测量2个同频正弦信号的相位差?

3.2 电压与功率测量

3.2.1 电压与功率测量的表征

1. 电压表征基本参量

峰值、平均值和有效值是表征交流电压的 3 个基本电压参量。由于峰值或平均值相等的不同波形,其有效值可能不同。为此,引入不同的波形峰值与有效值及平均值与有效值的变换系数,即波峰因数和波形因数,它们是表征交流电压的另外 2 个基本参量。

(1) 峰值

交流电压的峰值是指以零电平为参考的最大值,有正有负,用 U_p 表示;峰-峰值是最大值和最小值的差值,用 U_{pp} 表示;以直流分量为参考的最大电压幅值称为振幅,通常用 U_m 表示。当信号为不存在直流电平或输入被隔离了直流电平的交流信号时,振幅 U_m 与峰值 U_p 相等。如图 3-18 所示为以正弦信号交流电压波形为例,说明了交流电压的峰值和振幅。

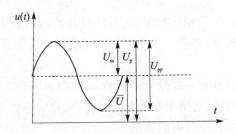

图 3-18 交流信号电压波形

(2) 均值

交流电压 $u(t)$ 的平均值(简称均值)用 $\overline{U}$ 表示,在数学上定义为

$$\overline{U} = \frac{1}{T}\int_0^T u(t)\,dt \tag{3.26}$$

平均值实际上为交流电压 $u(t)$ 的直流分量。对于不含直流分量的交流电压,即:对于以时间轴对称的周期性交流电压,平均值为零。均值不能反映交流电压的大小,因此在测量中,交流电压平均值通常指经过全波或半波整流后的波形(一般若无特指,均为全波整流)。全波整流后的平均值在数学上可表示为

$$\overline{U} = \frac{1}{T}\int_0^T |u(t)|\,dt \tag{3.27}$$

(3) 有效值

有效值定义为交流电压 $u(t)$ 在 1 个周期 T 内,通过某纯电阻负载 R 所产生的热量与 1 个直流电压 U 在同一负载上产生的热量相等时,则该直流电压 U 的数值就表示了交流电压 $u(t)$ 的有效值。由此,可推导出交流电压有效值的表达式为

$$U = \sqrt{\frac{1}{T}\int_0^T u(t)^2\,dt} \tag{3.28}$$

在数学上式(3.28)表示信号的方均根值。有效值反映了交流电压的功率,是表征交流电压的重要参量。对于理想的正弦波交流电压,有效值为 $0.707\,U_p$。

(4) 波峰因数和波形因数

波峰因数定义为峰值与有效值的比值，用 K_p 表示

$$K_p = U_p/U = 峰值/有效值 \tag{3.29}$$

对于理想的正弦波交流电压，波峰因数 K_p 为

$$K_p = \frac{U_p}{U_p/\sqrt{2}} = \sqrt{2} \approx 1.414 \tag{3.30}$$

波形因数定义为有效值与平均值的比值，用 K_F 表示为

$$K_F = \frac{U}{\overline{U}} = \frac{有效值}{平均值} \tag{3.31}$$

对于理想的正弦波交流电压，波形因数 K_F 为

$$K_F = \frac{(1/\sqrt{2})U_p}{(2/\pi)U_p} = 1.11 \tag{3.32}$$

2. 功率表征基本参量

(1) 平均功率

平均功率是指能量传送速率在最低信号频率的若干周期内平均，定义为

$$P_a = \frac{1}{nT}\int_0^{nT} u(t)i(t)\mathrm{d}t \tag{3.33}$$

式中，P_a 为平均功率；$u(t)$ 为瞬时电压；$i(t)$ 为瞬时电流；T 为信号的周期；n 为周期数。如果被测信号的电压和电流是连续正弦波，那么平均功率的表达式为

$$P_a = UI\cos\theta \tag{3.34}$$

式中，U 为电压方均值；I 为电流方均值；θ 为电压电流的相位差。

(2) 脉冲功率

脉冲功率是指信号能量在脉冲宽度 τ 上的平均，数学表达式为

$$P_p = \frac{1}{\tau}\int_0^\tau u(t)\,i(t)\mathrm{d}t \tag{3.35}$$

其中，P_p 为脉冲功率；τ 为脉冲宽度。在脉冲功率的定义中，把脉冲包络中过冲或振铃之类的任何畸变给屏蔽掉了。为了较为方便地测量脉冲功率，定义可进一步延伸为

$$P_p = \frac{P_a}{\rho} \tag{3.36}$$

式中，P_p 为脉冲功率；P_a 为使用式(3.33)计算的脉冲平均功率；ρ 表示信号脉冲的占空系数，等于信号脉冲宽度 τ 与脉冲重复频率 f 的积。式(3.36)的意义在于可根据平均功率的测量结果和占空系数计算出信号的脉冲功率。

(3) 峰值功率

如果脉冲是非矩形或者当波形的畸变使得无法精确确定信号的脉冲宽度时，直接测量脉冲功率就非常困难，需要使用峰值功率的概念。峰值功率用于描述信号的最大功率，如图 3-19 所示是高斯型脉冲信号峰值功率的示意图。

以 P_{peak} 代表峰值功率，是指该信号包络的最大功率。对于理想的矩形脉冲信号，峰值功率等于脉冲功率。峰值功率计或峰值功率分析仪是专门用来测量这类波形的

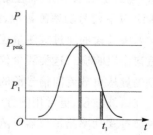

图 3-19 交流信号功率波形

仪器。

在所有的功率测量中,最常测量的是信号的平均功率。对于矩形脉冲信号,脉冲功率和峰值功率可由测量的平均功率按已知占空系数计算得到,也可通过峰值功率计、峰值分析仪测量得到。

3.2.2 电压与功率测量方法分类

被测信号电压按测量对象可以分为直流电压和交流电压,按测量技术可分为模拟测量和数字测量。测量方法不同,所用的测量仪器也有所不同。

1. 电压的模拟测量方法

模拟式电压表又叫指针式电压表,一般采用磁电式直流电流表头作为被测电压的指示器,并在电流表表盘上以电压(或 dB)作为刻度。测量直流电压时,可直接或经放大或经衰减后变成一定量的直流电流,驱动直流表头的指针偏转指示。

2. 直流电压数字化测量方法

通过模-数(A/D)转换器,可以实现高精度直流电压的数字测量,测量结果还可以直接进行数字显示,不仅直观方便,而且便于存储和传送。数字化测量是当前的主流方法。

3. 交流电压的数字化测量

交流电压的测量核心是通过 AC/DC 转换,将交流电压转换为直流电压,然后通过数字化直流电压测量方法,即可实现交流电压的数字化测量。

4. 基于采样的交流电压测量方法

交流电压测量的另一种方法是利用高速 A/D,对被测的交流电压波形进行实时采样,然后对采样数据进行处理,从而计算出被测信号电压的有效值、峰值和平均值,这种测量方法也称为采样—计算法。

5. 示波测量方法

无论是数字存储示波器或模拟示波器都可以直观显示出被测电压波形,并读出相应的电压参量,实际上示波器是一种广义的电压测量仪表。

功率测量方法可分为通过式功率测量和终端式功率测量方法 2 种。

1. 通过式功率测量

通过式功率测量需要将功率测量仪器连接在信号源和负载之间。对于直流和低频信号而言,功率测量仪器通过对电流传感器和电压传感器输出信号的处理获得功率测量结果,如图 3-20 所示。有些功率测量仪器对电流和电压传感器分别进行数字化采样的方法进行功率测量,但由于必须事先知道测量电压和电流之间的相位关系,所以这种测量方法只应用在 10 kHz 以下信号功率测量中,测量功率电平范围一般在几瓦到几千瓦之间。

射频频段的通过式测量仪器一般采用耦合器方式,耦合器可以对信号源和负载之间的功率流向作出响应。这类测量仪器可用于指示从信号源流向负载的功率,通常称为入射功率;也可以测量从负载流向信号源的功率,通常称为反射功率。

在微波波段,更常用的方法是使用高方向性的定向耦合器与终端式功率测量仪器相结合构成通过式功率测量仪器以测量信号源传送的功率。这种功率测量仪器也分为 2 类,一类是单向通过式功率测量仪器,另一类是双向通过式功率测量仪器。由单定向耦合器构成的通过式功率测量仪器称为单向,由 2 个反接的定向耦合器构成的通过式功率测量仪器称为双向。

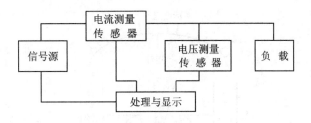

图 3-20 通过式功率测量原理框图

2. 终端式功率测量

终端式功率测量方法是射频、微波乃至毫米波频段功率测量的主要方法，主要包含功率探头和功率计 2 个部分。

功率探头接在信号传输线的终端，接收和消耗功率，并产生一个直流或低频信号，该信号经过特定形式的前置放大送入功率计测量通道。现代智能功率探头还包括存储有探头型号、类型、校准参数的 E^2PROM 以及传感环境温度的温度传感器等。功率计包括放大器和相关处理电路，主要负责将功率探头变换的信号进行处理，产生相对准确的功率读数。通常 1 个型号的功率计能够兼容不同类型、不同频率范围以及不同功率范围的系列功率探头。

终端式功率测量仪器分类方式有多种，通常有以下几种方式：

① 按功率测量原理分类，有热敏电阻式、热偶式、晶体管式和量热式，此外还有微量热式及其他基于新型的功率测量原理(如有质功率式、霍尔效应式、铁氧体式等)的测量仪器。

② 按被测功率的特征分类，分为连续波功率测量仪器、峰值功率测量仪器。

③ 按功率座输入端传输线的类型分类，分为同轴型功率测量仪器和波导型功率测量仪器。

④ 按测量功率的量程大小分类，分为小功率测量仪器(量程小于 100 mW)、中功率测量仪器(量程为 100 mW～100 W)、大功率测量仪器(量程大于 100 W)。

由于低频功率测量是通过测量电压、电流获得，因此本书关于功率测量原理和方法的介绍主要针对射频和微波功率。目前较常用的功率测量仪器主要基于热敏电阻式、热偶式和二极管式。

3.2.3 电压测量原理

1. 直流电压的模拟式测量

直流电流、电压通常由磁电式高灵敏度直流电流表作为指示，如图 3-21 所示。工作原理是利用载流导体与磁场之间的作用来产生转动力矩，使导体框架转动而带动指针偏转，其偏转角度正比于通过线圈的被测电流，这样就可以从指针角度位置来测电流，从而得出对应的电压值。

直流电位差计可实现间接测量电路中的电流、电阻和功率，最大的优点是测量的电压或者电动势准确度高，可精确到 0.005% 或者更高，相应地间接测量电流、电阻和功率也可以获得较高的准确度。直流电位差计通常用于校正、定标，而不作为现场测试仪表使用。

2. 直流电压的数字化测量

电压的数字化测量是通过将被测模拟电压转换成数字量进行测量的方法，可分为非积分式和积分式 2 大类，其中 A/D 转换器是电压数字化测量的核心。非积分式有斜坡电压(锯齿波、阶梯波)式、比较(逐次逼近、并行比较)式。积分式有双积分式、三斜积分式、脉冲调宽

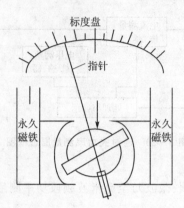

图 3-21 直流电流表示意图

(PWM)式、电压—频率(V-F)、Σ-Δ式等。

下面将对直流电压测量中使用的几种主要 A/D 转换原理进行介绍。

(1) 逐次逼近比较式

逐次逼近比较式电压测量是将被测电压 U_x 和一个可变的基准电压进行逐次比较,最终逼近被测电压。即:采用了一种对分搜索的策略,逐步缩小 U_x 未知范围的办法。

首先,假设基准电压为 $U_r=10$ V,为便于对分搜索,将其分成一系列不同的标准值。数学上 U_r 可用下式表示为

$$U_r = \frac{1}{2}U_r + \frac{1}{4}U_r + \frac{1}{8}U_r + \frac{1}{16}U_r + \cdots + \frac{1}{2^n}U_r + \cdots$$
$$= 5\text{ V} + 2.5\text{ V} + 1.25\text{ V} + 0.625\text{ V} + \cdots = 10\text{V}$$

上式表示,若把 U_r 不断细分(每次取上一次的 1/2)为足够小的量,便可无限逼近。当只取有限项时,则项数决定了逼近的程度。如上式中只取前 4 项,则

$$U_r = 5\text{ V} + 2.5\text{ V} + 1.25\text{ V} + 0.625\text{ V} = 9.375\text{ V}$$

逼近的最大误差为 $(9.375-10)$ V$=-0.625$ V,绝对值相当于最后一项的值。

现假设有一被测电压 $U_x=8.5$ V,若用上面表示 U_r 的前 4 项 $U_{r1}=5$ V,$U_{r2}=2.5$ V,$U_{r3}=1.25$ V,$U_{r4}=0.625$ V,来"凑试"逼近 U_x,对分搜索的步骤如下:

① 令 $U_r=U_{r1}=5$ V,与 U_x 比较,由于 5 V$<$8.5 V,则保留 U_{r1},并记为数字 1;

② 令 $U_r=U_{r1}+U_{r2}=7.5$ V,与 U_x 比较,由于 7.5 V$<$8.5 V,则保留 U_{r2},并记为数字 1;

③ 令 $U_r=U_{r1}+U_{r2}+U_{r3}=8.75$ V,与 U_x 比较,由于 8.75 V$>$8.5 V,则去掉 U_{r3},并记为数字 0;

④ 令 $U_r=U_{r1}+U_{r2}+U_{r4}=8.125$ V,与 U_x 比较,由于 8.125 V$<$8.5 V,则保留 U_{r4},并记为数字 1。

逼近结果与 U_x 的误差为 8.125 V$-$8.5 V$=-0.375$ V。这种逼近误差是由于采用有限位数的数字量来表示一个模拟量而造成的。它是所有数字仪器都有的一种误差,称为**量化误差**。显然,逼近过程中的 U_r 分项数越多,则逼近结果越接近 U_x,即量化误差越小。

前面讲的逐次逼近比较式 A/D 转换过程,与天平称重过程相类似。其中的各分项相当于提供的有限"电子砝码",而被称量的则是被测的电压量。逐步地添加或移去电子砝码的过程完全类同于称重中加减砝码的过程,而称重结果的精度取决于所用的最小砝码。

如图 3-22 所示逐次逼近比较式测量电压的原理框图。逐次逼近移位寄存器在时钟作用下，每次进行一次移位，输入是比较器的输出（**0** 或 **1**），而输出（数字量）将送到 D/A 转换器，D/A 转换结果再与被测电压进行比较。D/A 转换器的位数 n 与逐次逼近移位寄存器的位数一致，也就是 A/D 转换器的位数。

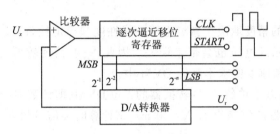

图 3-22 逐次逼近比较式电压测量原理框图

（2）单斜式 ADC

单斜式 ADC 是一个典型的非积分 A/D 转换器，图 3-23 为单斜式 ADC 的原理框图及工作时序图。其中，斜坡发生器产生的斜坡电压分别与被测电压 U_x 输入比较器和接地（0 V）比较器比较，比较器的输出触发双稳态触发器，得到时间为 T 的门控信号，由计数器通过对门控时间间隔内的时钟信号进行脉冲计数，即可测得时间 T，$T = NT_0$，即 T_0 为时钟信号周期，而计数结果 N 则表示 A/D 转换的数字量结果。即

$$U_x = kT = kNT_0 \tag{3.37}$$

式中，k 为斜坡电压的斜率，单位为 V/s。

斜坡电压通常是由积分器对一个标准电压 U_r 积分产生，斜率为 $k = -\dfrac{U_r}{RC}$，R、C 为积分电

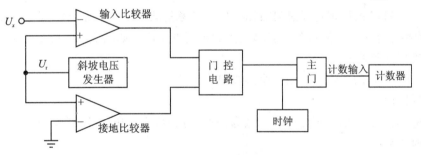

(a) 单斜式ADC原理框图

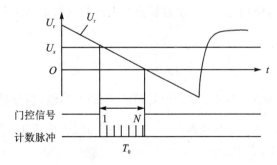

(b) 时序图

图 3-23 单斜式 ADC 原理框图及时序图

阻和电容。所以有

$$U_x = -\frac{U_r}{RC}T_0 N = eN$$

e 为刻度系数，是一定值。可见 U_x 正比于 N，也就是说可以用计数结果的数字量表示输入电压。

单斜式 ADC 测量的精度取决于斜坡电压的线性度和稳定性，以及门控时间的测量精度。此外，比较器的漂移和死区电压也会带来误差。因此，一般精度较低，但由于电路简单、成本低，因此可应用于精度和速度要求不高的 DVM 中。

【例 3-1】 设一台基于单斜 A/D 转换器的 4 位 DVM（即计数器的最大值为 9 999），基本量程为 10 V，斜坡发生器的斜率为 10 V/100 ms，试计算时钟信号频率。若计数值 $N=5\ 123$，则被测电压值是多少？

解：因 A/D 转换器允许输入的最大电压为 10 V，斜坡发生器的斜率为 10 V/100 ms，则在满量程 10 V 时，所需的 A/D 转换时间即门控时间为 100 ms。即：在 100 ms 内计数器的脉冲计数个数为 10 000（最大计数值为 9 999）。于是，时钟信号频率为

$$f_0 = \frac{10\ 000}{100\ \text{ms}} = 100\ \text{kHz}$$

现若计数值为 $N=5\ 123$，则门控时间 $T = NT_0 = \frac{N}{f_0} = \frac{5\ 123}{100\ \text{kHz}} = 51.23\ \text{ms}$

则被测电压为 $U_x = kT = \frac{10\ \text{V}}{100\ \text{ms}} \times 51.23\ \text{ms} = 5.123\ \text{V}$。

显然，计数值表示了被测电压的数值，而显示的小数点位置与选用的量程有关。

(3) 双积分式 ADC

双积分式 ADC 的原理是通过对被测电压与参考基准电压的 2 次积分，即：对"被测电压的定时积分和参考电压的定值积分"的比较，得到被测电压值。如图 3-24 所示给出了双积分式 ADC 的原理框图和波形图。

双积分式 ADC 的工作过程由 4 个阶段组成：

① 归零阶段（$t_0 \sim t_1$）。

开关 S_2 接通 T_0 时间，积分电容 C 短接，使积分器输出电压 u_0 回到零（$u_0 = 0$）。

② 定时积分（$t_1 \sim t_2$）。

开关 S_1 接被测电压，S_2 断开。若 U_x 为正，则积分器输出电压 U_0 从零开始线性地负向增长，经过规定的时间 T_1，即到达 t_2 时，由逻辑控制电路控制结束本次积分。此时，积分器输出 U_0 为 U_{0m}，即

$$U_{0m} = -\frac{1}{RC}\int_{t_1}^{t_2} U_x \mathrm{d}t = -\frac{T_1}{RC}\overline{U_x} \qquad (3.38)$$

式中，$\overline{U_x} = \int_0^{T_1} U_x \mathrm{d}t$ 为被测电压 U_x 在积分时间 T_1 内的平均值，积分时间 T_1 为定值。$-\frac{T_1}{RC}$ 为积分波形的斜率，也就是说 U_{0m} 与被测电压 U_x 的平均值 $\overline{U_x}$ 成正比。

③ 对参考电压反向定值积分（$t_2 \sim t_3$）。

若被测电压为正，则开关 S_1 接通负的参考电压 $-U_r$，S_2 断开。则积分器输出电压 U_0 从 U_{0m} 开始线性地正向增长（与 U_x 的积分方向相反），设 t_3 时刻到达零点，过零比较器翻转，经历

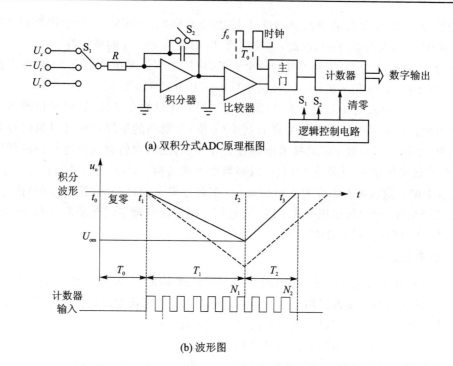

(a) 双积分式ADC原理框图

(b) 波形图

图 3-24 双积分式 ADC 原理及波形图

的反向积分时间为 T_2，则有

$$0 = U_{0m} - \frac{1}{RC}\int_{t_2}^{t_3} -U_r \mathrm{d}t = U_{0m} + \frac{T_2}{RC}U_r \tag{3.39}$$

将式(3.38)代入式(3.39)，可得

$$\overline{U_x} = \frac{T_2}{T_1}U_r \tag{3.40}$$

由于 T_1、T_2 是通过对同一时钟信号计数得到，设 $T_1 = N_1 T_0$，$T_2 = N_2 T_0$，即有

$$\overline{U_x} = \frac{N_2}{N_1}U_r = \mathrm{e} N_2, \mathrm{e} = \frac{U_r}{N_1} \tag{3.41}$$

从上述的工作过程可见，双积分式 ADC 基于 V-T 变换的比较测量原理，它能测量双极性电压，内部的极性检测电路根据输入电压极性，确定所需的反向积分时参考电压的极性（与被测电压极性相反）。它具有如下特点：

Ⅰ. 积分器的 R、C 元件及时钟频率对 A/D 转换结果不会产生影响，因而对元件参数的精度和稳定性要求不高。

Ⅱ. 参考电压 U_r 的精度和稳定性直接影响 A/D 转换结果，故需采用精密基准电压源。例如：一个 16 位的 A/D 转换器，分辨率 1 LSB $=1/2^{16}=1/65536 \approx 15 \times 10^{-6}$，那么，要求基准电压源的稳定性（主要为温度漂移）优于 15×10^{-6}。

Ⅲ. 具有较好的抗干扰能力，因为积分器响应的是输入电压的平均值。假设被测直流电压 U_x 上叠加有干扰信号 U_{sm}，即输入电压为 $U_x + U_{sm}$，则 T_1 阶段结束时积分器的输出为

$$U_{0m} = -\frac{1}{RC}\int_{t_1}^{t_2}(U_x + U_{sm})\mathrm{d}t = -\frac{T_1}{RC}\overline{U_x} - \frac{T_1}{RC}\overline{U_{sm}} \tag{3.42}$$

式(3.42)说明，干扰信号的影响也是以平均值方式作用的，若能保证在 T_1 积分时间内，干扰信

号的平均值为 0，则可大大减少甚至消除干扰信号的影响。DVM 最大干扰来自于电网的 50 Hz 工频电压(周期为 20 ms)，因此，一般选择 T_1 时间为 20 ms 的整倍数。

双积分式 ADC 是 A/D 转换器件的一个大类，应用中有许多单片集成 ADC 可供选择，例如：常用的 ICL7106(16 位)、ICL7135(4 位半)、ICL7109(12 位)等。

除了上述几种直流电压测量技术外，采用过采样技术的 Σ-Δ 结构 ADC 可以改善 A/D 转换器总体性能。该转换器以很低的采样分辨率(1 位)和很高的采样速率将模拟信号数字化，利用过采样、噪声整形和数字滤波技术增加有效分辨率，然后对转换输出进行抽取处理，以降低 ADC 的有效采样速率，去除多余信息，减轻数据处理负担。目前，Σ-Δ 式转换分辨率已高达 24 位，在各类模－数转换器中分辨率是最高的，在高分辨率的低频(直流到音频)信号处理场合得到了广泛应用，有取代双积分式 ADC 的趋势。用于低频测量的典型芯片有 16 位分辨率的 AD7701、24 位分辨率的 AD7731 等。

3. 交流电压的测量

一个交流电压 $V_x(t)$ 的大小，可以用峰值 $U(t)$、平均值 $\bar{U}$ 或有效值 U 来表征。在交流电压表中，交流电压的测量都采用 A/C 转换器，首先把被测交流电压转换成直流电压信号，然后再进行直流电压的测量，间接实现对交流电压的测量。

(1) 交流—直流电压(AC-DC)转换原理

交流—直流转换器将交流电压转换为直流电压的过程也称为检波，包括峰值检波、平均值检波以及有效值检波。

① 峰值检波原理。

峰值检波的基本原理是通过二极管正向快速充电达到输入电压的峰值，而二极管反向截止时保持该峰值，峰值检波原理电路图及波形如图 3-25 所示。

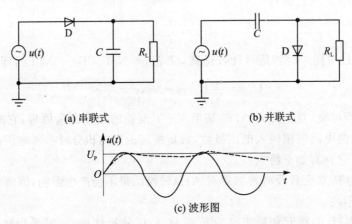

图 3-25 峰值检波原理及波形图

图 3-25 所示的检波电路中要求

$$(R_s + r_d)C = T_{\min}, R_L C \geqslant T_{\max} \tag{3.43}$$

式中，R_s、r_d 分别为等效信号源的内阻和二极管正向导通电阻，C 为充电电容(并联式检波电路中 C 还起到隔直流的作用)；R_L 为等效负载电阻；$T_{\min}$ 和 $T_{\max}$ 为最小和最大充电周期。满足上式即可满足电容器 C 上的快速充电和慢速放电的需要。从波形图可以看出，峰值检波电路的输出实际上存在较小的波动，平均值略小于实际峰值。

② 平均值检波原理。

平均值检波电路可由整流电路实现,如图 3-26 所示为二极管桥式全波整流。

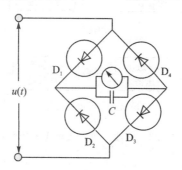

图 3-26 二极管桥式全波整流

整流电路输出直流电流 I_0 的平均值与被测输入电压 $u(t)$ 的平均值成正比,而与 $u(t)$ 的波形无关。以图 3-26 的全波整流电路为例,I_0 的平均值为

$$\bar{I}_0 = \frac{1}{T}\int_0^T \frac{u(t)}{2r_d + r_m}dt = \frac{u(\bar{t})}{2r_d + r_m} \tag{3.44}$$

式中,T 为 $u(t)$ 的周期;r_d 和 r_m 分别为检波二极管的正向导通电阻和电流表内阻,对特定电路和所选用的电流表可视为常数,并反映了检波器的灵敏度。式(3.44)反映了 I_0 的平均值 $\bar{I}_0$ 与 $u(t)$ 的平均值 $u(\bar{t})$ 成正比。图 3-26 中并联在电流表两端的电容 C 用于滤除整流后的交流成分,避免指针摆动。

③ 有效值检波原理。

有效值为交流电压 $u(t)$ 的方均根值,检波原理可根据图 3-27 进行。

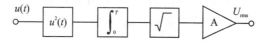

图 3-27 有效值检波原理

图 3-27 表示有效值计算是通过多级运算器级联实现的。首先是由模拟乘法器实现交流电压 $u(t)$ 的二次方运算,再是积分和开方运算,最后通过运算放大器的比例运算,得到有效值 U_{rms} 输出。

(2) 模拟式交流电压表

① 检波—放大式电压表。

模拟电压表组成方案有 2 种类型,一种是先检波后放大,称为检波—放大式;另一种是先放大后检波,称为放大—检波式。

如图 3-28(a)所示为检波—放大式电压表的组成框图。在检波—放大式电压表中,常采用峰值检波器,它决定了电压表的频率范围、输入阻抗和分辨力。为提高频率范围,采用超高频二极管作峰值检波,频率范围可从直流到几百兆赫,并具有较高的输入阻抗,并且为减小信号传输线的影响,将峰值检波器直接置于探头内,如图 3-28(b)所示。但是,检波二极管的正向压降限制了其测量小信号电压的能力,反向击穿电压限制了电压测量的上限。放大器可采用桥式或斩波稳零式直流放大器,它具有较高的增益和较小的漂移。这种电压表常称为高频电压表或超高频电压表。

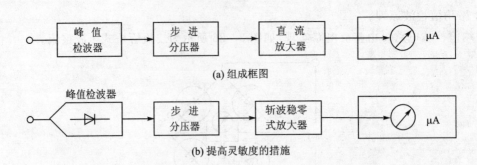

图 3-28 检波—放大式电压表的组成

② 放大—检波式电压表。

为避免检波—放大式电压表中检波器的灵敏度限制,可采用先对被测电压放大然后再检波的方式,即构成放大—检波式电压表,组成如图 3-29 所示。此时检波器常采用均值检波器,放大器为宽带交流放大器,它的带宽决定了电压表的频率范围,一般上限为 10 MHz。这种电压表具有很高的灵敏度,但仍然要受宽带交流放大器内部噪声限制,因此,也常称为宽频毫伏表或视频毫伏表。

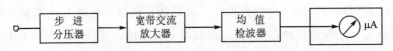

图 3-29 放大—检波式电压表组成

除此之外,具有分贝读数的电压表常称为宽频电平表,宽频电平表受宽带交流放大器的内部噪声影响,灵敏度和带宽有限,从而限制了小信号电压的测量以及从噪声中测量有用信号的能力。选频电平表采用外差式接收原理,可大大提高测量灵敏度,在放大器谐波失真的测量、滤波器衰耗特性测量及通信传输系统中得到广泛应用。

3.2.4 射频微波功率的测量

测量射频微波功率的仪器一般称为功率计,功率计从结构上分析可分为 2 部分,一部分称为功率探头,另一部分称为功率指示器,如图 3-30 所示。功率探头的基本功能是实现功率传感,即将待测微波功率转换为可检测的电信号,通常用热敏电阻、热电偶和二极管检波器等器件实现功率传感。功率指示器的基本功能是把可测电信号转换为可指示电信号,使读数直接表示微波功率值。它一般包括转换、放大、表头指示等电路。本节主要介绍热敏电阻、热电偶以及二极管检波式的功率传感原理。

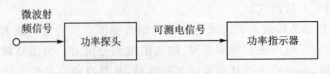

图 3-30 功率计基本组成

1. 热敏电阻式功率传感原理

热敏电阻式功率传感在射频和微波功率测量的历史上曾占有重要地位,尽管近年来由于技术发展,以半导体热电偶和二极管检波方式为基础的功率传感方法的指标参数,如灵敏度、动态范围以及功率检测能力获得了极大的提高,并广泛应用于功率测量的很多领域。但是,由于热敏电阻式的直流功率替代性能,使其具有很高的稳定性,因此,在功率传递标准领域该类功率传感方式仍然得到了广泛的应用。

热敏电阻式功率传感原理是利用该类型器件温度变化与电阻值变化关系实现功率传感的,温度变化的原因是热敏电阻将射频或微波能量转变为热能。热敏电阻探头又可细分为2种基本类型:镇流电阻型和常规热敏电阻型。镇流电阻是具有正电阻温度系数的细丝;热敏电阻则是具有负温度系数的半导体。这里所谓的正温度系数是指随着温度升高,电阻阻值上升;负温度系数则与之相反。

为使电阻对很小量的耗散射频功率有可测量的变化量,镇流电阻由一段极细而短的金属丝构成。镇流电阻的最大可测量功率受烧毁电平的限制,一般只有 10 mW 多,由于较为脆弱,现在已经很少使用了。用于射频和微波功率测量的热敏电阻是一个金属氧化物的小珠,一般直径为 0.4 mm 以下,带有直径为 0.03 mm 的金属引线。热敏电阻的阻位随功率变化特性是高度非线性的,且彼此之间差别极大。热敏电阻在吸收微波功率后,温度升高,阻值减小,阻值的变化量可由电阻电桥来检测。

热敏电阻式功率测量方法的基本原理如图 3-31 所示,两个热敏电阻按并联方式与射频微波输入端信号相连,同时以串联方式与功率计内部相连。在热敏电阻与功率计内部之间有一个旁路电容,旁路电容主要作用是避免信号泄露。

连接热敏电阻探头的检测电桥通常有平衡式电桥和失衡式电桥2种。采用失衡式电桥的功率计电路实现较为简单,但精确度低,无法消除环境温度的影响。如图 3-32 所示为单平衡电桥工作原理框图。平衡电桥技术是借助于直流或低频交流偏置使热敏电阻元件保持在一个恒定的阻值 R 上,当微波功率耗散在热敏电阻上时,热敏电阻的 R 变小,这时偏置电流也减小使电桥重新平衡,保持 R 仍为同一数值。偏置电流的减小量应与微波功率相对应,这就是热敏电阻功率探头直流替代法测量射频或微波功率的基本原理。

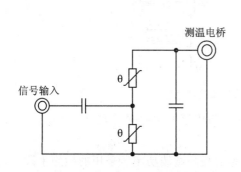

图 3-31 热敏电阻式功率测量方法

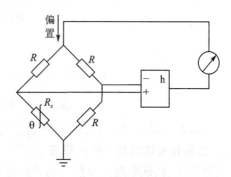

图 3-32 单平衡电桥工作原理框图

2. 热电偶功率传感原理

20 世纪 70 年代出现了基于热电偶功率传感原理的功率探头,与热敏电阻式相比有很大的优势。首先,热电偶表现出更高的灵敏度,测量的功率可低到 -30 dBm;其次,基于热电偶功率传感原理的探头具有固有的二次方律特性(输出直流电压与输入的微波功率成正比);此外,该类型功率探头的端口驻波(SWR)可以设计得很好,从而降低测量不确定度。

热电偶对微波能量的传感作用是吸收微波功率产生热,并把热变换为热电压,基本工作原理是采用2种不同金属构成回路或电路。其中1个金属节点受热,而另1个不受热,如果回路保持闭合,只要2个节点维持在不同温度上,回路中便有电流流过。若在回路中插入1个电压表,就可测量出净电动势。如果把其中的1个节点置于高频电磁场中,吸收微波功率,使它节点温度升高,产生电动势,由后续电路处理并测量温差热电动势,从而得出功率量值。

20世纪80年代,应用半导体工艺技术研制成功以半导体薄片为基片,并做为热电偶一臂的半导体薄膜热电偶,它集中了半导体技术和微波薄膜技术的优点,应用于微波功率测量并获得了较好的结果,频率范围覆盖10 kHz～170 GHz,功率动态范围达到50 dB,有较好的阻抗匹配性能。

半导体热电偶器件由金、N型硅和钥镍电阻材料构成,而薄膜结构可以使它具有小的体积,精确的几何机构,即使在3 mm波段仍然具有较好的阻抗匹配性能。如图3-33所示为使用该技术的热电偶式功率传感原理框图,在同一芯片上含有2个相同的热电偶,就直流电压而言,这2个热电偶是串联的;而对射频或者微波输入频率来说,2个热电偶是并联关系,每个热电偶流过1/2的电流。每个薄膜电阻和与串联的硅片具有100 Ω的总电阻,2个并联的热电偶对射频传输线形成50 Ω终端。

左方热电偶的较低节点直接接地,而右方热电偶的较低节点通过旁路电容C_b对射频接地。2个热电偶产生的直流电压串联相加,形成更高的直流输出电压。输入前置放大器的2条引线是对射频接地的,对上面1条引线不必对射频加以抑制,从而可大大提高探头的频率范围。

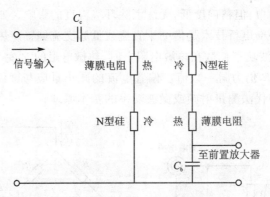

图3-33 热电偶式功率传感原理

热电偶的灵敏度可以表示为直流输出电压幅度与传感射频功率耗散功率之比。

3. 二极管检波式功率传感原理

长期以来,热敏电阻式和热电偶式一直是传感射频与微波功率所采用的检测手段,而整流二极管在微波频段一直被用作检波器进行微波信号的包络检波,并用来进行相对功率的测量,在超外差接收机中用作非线性混频元件,而对于绝对功率测量来说,二极管技术主要应用于射频和低的微波频率范围。随着半导体技术的发展,坚固耐用、性能一致性较好的低势垒肖特基二极管(LBSD)的出现,使得检波二极管作为功率传感器件成为现实。早期使用这种二极管研制的功率探头(HP8484A)频率范围覆盖10 MHz～18 GHz,功率范围覆盖－70～20 dBm。20世纪80年代,国外半导体厂家研制了性能更加卓越的平面掺杂势垒(PDB)二极管,这种二极管具有很小的结电容,较好的平坦度以及很好的一致性和稳定性。HP公司利用这种二极管于20世纪80年代末推出了HP848XD系列功率探头,该系列功率探头和HP848XA系列半导体热电偶探头组合使用配接HP437B功率计,在世界范围内得到了广泛使用。

随着微波半导体技术以及数字信号处理技术和计算机技术的发展,20世纪90年代设计出了功率测量范围达90 dB的二极管CW功率探头以及功率测量范围达80 dB的调制平均功率探头,使得检波二极管成为传感功率的主要器件。

(1) 二极管检波器工作原理

检波二极管服从于二极管伏安特性方程。

$$i = I_{\text{s}}(e^{\frac{qU}{nkt}} - 1) \tag{3.45}$$

式中,i是二极管电流;U是跨在二极管上的净电压;I_{s}是饱和电流,在给定温度下是常数;k是玻尔兹曼常数;t是绝对温度;q是电子电荷;n是适应实验数据的修正常数。

如果将式3.45展开成幂级数的形式,则

$$i = I_{\text{s}}\left(\alpha U + \frac{(\alpha U)^2}{2!} + \frac{(\alpha U)^3}{3!} + L\right) \tag{3.46}$$

该级数表达式中的二次及其他偶次项提供了整流作用。对于小信号的整流,只有二次项有意义,从而称该二极管工作二次方律伏安特性曲线在二次方律区域。在这一区域,输出电流正比于射频输入电压的二次方。当电压U增高至4次项不能忽略时,二极管的响应便不再处于二次方律检波区,而是近似为准二次方律整流。可称该区域为过渡区,之后就是线性检波区。

对射频和微波信号而言,如果二极管检波器的电阻与被测信号源的源电阻匹配,则该二极管将得到最大功率,但是由于二极管电阻远远大于50 Ω,因此在二极管检波器前通常使用一个单独的匹配电阻来调节输入终端阻抗,使得二极管电阻与源电阻匹配时,将有最大功率传送给二极管检波器。二极管的电阻可由式(3-45)微分获得,并且该电阻与温度具有强烈的依赖关系,这意味着二极管的灵敏度和发射系数也与温度强烈有关。因此二极管检波器的检波电压与温度具有复杂的二维关系,检波温度特性不仅与温度有关,而且与检测的功率有关。

(2) 大动态范围二极管连续波功率传感原理

数字信号处理技术和微波半导体技术的发展使得二极管功率传感能力和功率测量性能获得了极大的改进。应用线性校准技术使得单个二极管连续波平均功率传感的动态范围达到$-70\sim+20$ dBm。

现代大动态范围二极管功率传感方式常常采用平衡配置的双二极管检波方式,如图3-34所示为大动态范围双检波二极管连续波功率传感原理图。

输入的射频微波信号经过隔直电容C_{c}和3 dB衰减器后进入50 Ω匹配负载和双检波二极管,2个检波二极管输出正负直流信号通过视频滤波电容送入功率计内的前置放大器处理。

这种平衡配置双二极管全波检波方式具有多方面的优越性。首先,平衡的配置方式消除了-60 dBm以下功率时,由不同金属连接所导致的热电电压问题,并且抑制了输入信号中偶次谐波造成的测量误差;其次,检波器输出端接地面上的共模噪声或干扰被抵消;同时由于采用双管检波,使信噪比改进提高了$1\sim2$ dB。由于输入功率与检波电压的非二次方律特性,这种功率探头在-20 dBm以上功率电平只能用作连续波平均功率的精确测量,对于峰值平均功率比较小的调制信号也可定标采用衰减器,将其峰值信号衰减到-20 dBm以下进行平均功率的测量。

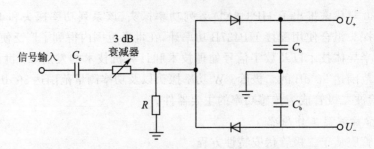

图 3-34 大动态范围双检波二极管连续波功率传感原理图

(3) 峰值功率传感原理

使用二极管测量峰值功率依据采样方式的不同可分为 2 种：快速实时采样测量方法和跟踪采样保持测量方法。快速实时采样方法测量峰值功率是利用现代 DSP 快速数据处理能力，以及高速 ADC 转换等新技术，进行快速采样并进行实时功率测量，同时提取峰值功率。该方法也可以利用时间门功能对脉冲包络上各点功率进行测量分析。而跟踪采样保持方式是利用互为反相的窄脉冲信号，控制脉冲包络跟踪/保持电路和采样/保持电路，实现在脉冲包络上采样进行峰值功率测量分析的。

如图 3-35 所示为采用跟踪采样保持方法的峰值功率测量原理图，射频脉冲输入信号经过检波后的脉冲包络信号抽入至宽带差动放大器，然后经过两级延时放大，目的是使模拟通道信号的放大延时与数字控制信号产生的延时相匹配，以保持采样点的准确性。在两级延时放大后，一路信号以 SMB 连接器形式输出，可通过示波器方便地对微波脉冲信号包络进行分析；另一路输入跟踪保持电路和采样保持电路。跟踪保持和采样保持电路受数字控制电路部分产生的两个反向控制信号来控制开关，以确定信号的保持跟踪或者采样的执行，跟踪保持是在采样保持之前被执行的。跟踪保持和采样保持过程是由电容的充电、放电来完成的。

原理图内的数字电路部分提供采样控制信号、采样延迟信号及存储各种数字控制功能，提供以触发点为基准的采样延时时间。

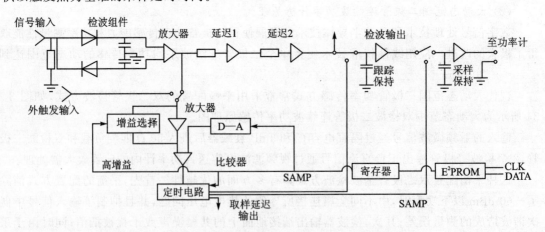

图 3-35 采用跟踪采样保持方法的峰值功率测量原理图

3.2.5 数字电压表的特性

数字电压表主要包括模拟和数字 2 部分,组成如图 3-36 所示,其核心部件是 A/D 转换器,A/D 转换器实现模拟电压到数字量的转换,微处理器读取转换结果进行相应处理,并送至显示单元,供测试人员读出测量结果。

输入控制,即仪表上的按键、拨盘等,主要由测试人员操作控制,实现电压测量时功能、量程等方面的转换,其控制信息分别送到输入信号调节电路及微处理器进行处理。

输入信号调节电路是对过大的输入电压进行衰减(如电阻分压)、对过小的输入电压信号进行放大,以满足 A/D 转换器的特定输入范围要求。

AC/DC 转换的作用是将交流电压信号通过整流、检波等方式转换成直流电压信号,并送 A/D 转换器,实现对交流电压信号的测量。

基准电源的作用是向 A/D 转换器提供基准电压作为量化参考电压。

时钟发生器为 A/D 转换器和微处理器提供时钟信号。

蜂鸣电路一般由蜂鸣器及相应的驱动电路构成,由微处理器根据数字电压表工作状态,发出相应提示或警告声音,如超量程测试、功能转换提示等。

显示单元用于显示测量结果及单位等,通常由点阵式液晶面板组成。

通讯接口可以将数字电压表的转换结果上传到其他系统中,以方便组建自动化测试系统,通常采用 RS-232、RS-485 等接口。

电源模块为各部分电路提供电源,数字万用表一般由电池供电。需要说明的是,电池的电压随着使用时间的长短而不断变换衰减,一般需要用稳压器件将电池电压转换成特定的电压;此外,数字部分和模拟部分的电压值要求不一样,通常需要转换提供多种电压值。

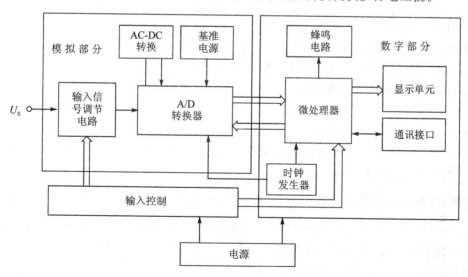

图 3-36 数字电压表组成框图

1. 数字电压表的保护电路

在数字电压表或数字万用表的使用过程中,不可避免地会遇到被测电压、被测电流超过量程范围,或者错误测试选择功能等一些人为疏忽带来的误操作,这就要求数字万用表有一定的保护功能，确保测试人员的安全以及尽量避免仪器损坏。

(1) 过电压保护

过电压保护是为防止被测电压高于量程范围，而可能导致损坏数字万用表内部元器件（如 A/D 转换器）而设计的。常用的方法是在输入端增加钳位保护电路，如图 3-37(a) 所示，在输入电阻后增加了 2 个钳位二极管，分别接系统中的正、负电源，这样，就可以保证输入到 A/D 转换器的电压被控制在 $(+U+U_{diode})$ 和 $(-U-U_{diode})$ 之间（U_{diode} 为钳位二极管的反向击穿电压），这样即使出现超量程的电压输入，也不至于损坏 A/D 转换器。

(2) 过电流保护

过电流保护原理如图 3-37(b) 所示，将熔丝与 $I-V$ 转换（也就是电流采样电阻网络）串联。当测量发生故障或异常时，如果输入电流太大，则熔丝会立即熔断，断开测量电路，起到保护作用。

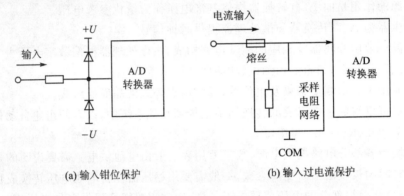

(a) 输入钳位保护　　　　(b) 输入过电流保护

图 3-37　输入保护电路

早期的熔丝熔断后需要更换，比较麻烦，如今出现了自复熔丝，自复熔丝在过电流保护状态，以极小的电流锁定在高阻状态（相当于断开测量电路），只有切断电源或过电流消失后，才会恢复低阻状态，故障排除后自行复位，无需进行拆换。

2. 数字电压表的主要性能指标

(1) 显示位数

数字电压表(DVM)的显示位分为完整显示位和非完整显示位。一般的显示位均能够显示数字 0~9，而在最高位上，只能显示部分数字，通常用分数表示，如只能显示 0 和 1 的非完整显示位，表示为 1/2，俗称半位。

通常 DVM 显示位数表示 $N\dfrac{M-1}{M}$，读法上是"N 又 M 分之 $M-1$ 位"，表示含义是，能够显示 N 位完整数字，最高显示位为 $M-1$。例如：4 位显示，是指 DVM 具有 4 位完整显示位，最大显示数字为 9 999，而 3/4 位指 DVM 具有 3 位完整显示位和 1 位非完整显示位，最大显示数字为 3 999。

(2) 量程

DVM 的量程按输入被测电压范围划分。由 A/D 转换器的输入电压范围确定了 DVM 的基本量程。在基本量程上，输入电路不需要对被测电压进行放大或衰减，便可直接进行 A/D 转换。DVM 在基本量程基础上，再通过输入电路对输入电压按 10 倍放大或衰减，扩展出其他量程。例如：基本量程为 10 V 的 DVM，可扩展出 0.1 V、1 V、10 V、100 V、1 000 V 五档量程；基本量程为 10 V 或 20 V 的 DVM，则可扩展出 200 mV、2 V、20 V、200 V、2 000 V 五档量程。

（3）分辨力

分辨力指数字电压表能够分辨最小电压变化量的能力，通常用每个字对应的电压值来表示，即 V/字。显然，在不同量程上能分辨的最小电压变化的能力是不同的，如 $3\frac{1}{2}$ 位的 DVM，在 200 mV 量程上，可以测量的最大输入电压为 199.9 mV，分辨力为 0.1 mV/字。即：当输入电压变化 0.1 mV 时，显示的末尾数字将变化 1 个字。或者说，当 U_X 变化量小于 0.1 mV 时，则测量结果的显示值不会发生变化，而为使显示值跳变 1 个字，所需电压变化量为 0.1 mV，即 0.1 mV/字。在 DVM 中，每个字对应的电压量也可用刻度系数表示。

（4）测量速度

DVM 的测量速度用每秒钟完成的测量次数来表示。它直接取决于 A/D 转换器的转换速度，一般低速高精度的 DVM 测量速度在几~几十次/s。

（5）测量精度

DVM 的测量精度通常用固有误差表示，由 2 部分构成，读数误差和满度误差。读数误差项与当前读数有关，它主要包括 DVM 的刻度系数误差和非线性误差。满度误差项与读数无关，只与当前选用的量程有关，它主要由 A/D 转换器的量化误差、DVM 的零点漂移、内部噪声等引起。

当被测量(读数值)很小时，满度误差起主要作用，当被测量较大时，读数误差起主要作用。为减小满度误差的影响。应合理选择量程，尽量使被测量大于满量程的 2/3 以上。

（6）输入阻抗

输入阻抗取决于输入电路，并与量程有关。当利用 DVM 对电路网络中电压进行测量时，输入阻抗相当于同被测网络负载并联，不可避免地会对电路本身产生一定的影响，所以输入阻抗宜越大越好，否则将对测量精度产生影响。对于直流 DVM，输入阻抗用输入电阻表示，一般在 10~1 000 MΩ 之间。对于交流 DVM，输入阻抗用输入电阻和并联电容表示，电容值一般在几十至几百皮法之间。

3.2.6 电压测量的干扰及抑制技术

1. 干扰的来源及分类

干扰是对有用被测信号的扰动，特别是当被测信号较小(或微弱)时，干扰的影响显得更为严重，因此，必须提高电压测量的抗干扰能力，特别是对于高分辨力、高精度的数字电压表，显得更为重要。

在电子设备或系统中，可将干扰分为串摸干扰和共摸干扰 2 类。所谓串摸干扰，是指干扰信号以串联相加的形式对被测信号产生的干扰，如图 3-38(a)所示；而共摸干扰是指干扰信号同时作用于 DVM 的 2 个测量输入端(称为高端 H 和低端 L)，即干扰信号以共模电压的形式出现，如图 3-38(b)所示。50 Hz 的工频干扰是最主要的串模干扰源，是抗干扰技术研究的主要内容。共模干扰的来源主要有 2 种情况，一是被测电压本身就存在共模电压(被测电压是一个浮置电压)，另一种情况是当被测电压与 DVM 相距较远，被测电压与 DVM 的参考地电位不相等，将引起测量时的共模干扰。

2. 串模干扰的抑制

当串模干扰为直流干扰信号时，由于串模干扰是叠加在被测信号上，通常要抑制这类干扰

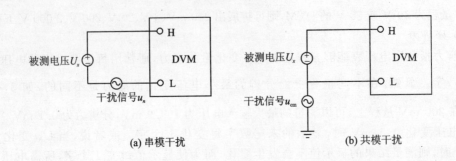

(a) 串模干扰　　　　(b) 共模干扰

图 3-38　DVM 的串模干扰和共模干扰

很困难,采用软件校准和数据处理的方法可以获得一定的抑制作用。

当串模干扰为周期性信号时,可采用滤波的方法抑制,即从被测信号中滤除掉干扰信号。而采用积分式 A/D 转换器的 DVM,由于积分对输入信号的平均作用,因此具有较好的抑制干扰的作用。例如:对 50 Hz 工频干扰信号,周期为 20 ms,可直接选取积分时间为工频周期的整数倍,如 20 ms、40 ms、80 ms 或者 100 ms,即可实现对串模干扰的抑制。

对于尖峰脉冲的干扰,由于干扰强度大、持续时间短,一般首先应在信号输入端加入限幅,再采用模拟硬件滤波器或软件数字滤波均有较好的抑制作用。

3. 共模干扰的抑制

共模干扰一般是通过环路电流对 2 根测试导线(H、L 端)共同产生影响的,如图 3-39 所示为存在共模干扰时的 DVM 输入等效电路。共模干扰电压 U_{cm} 通过环路电流 I_1、I_2 同时作用于 DVM 的 H、L 端,但它们对 H、L 端的影响量并不相等,即共模电压将转换为串模电压,从而造成测量误差。因此,抑制共模干扰的基本原理是减小两路环路电流,或使共模干扰对 H、L 端的影响能互相削弱或抵消。

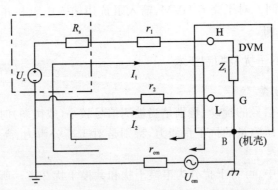

图 3-39　存在共模干扰时的 DVM 输入等效电路

对共模干扰的抑制主要考虑以下几种措施。

① 浮置测量。

由于 DVM 的接地端通过机壳地(与大地相连)直接与被测电压的参考地连接,当 2 个地之间电位不同而形成共模电压,从而形成两路环路电流,使其毫无抗共模干扰能力。理论分析表明,采用浮置测量可以具有较高的共模抑制比。

② 双端对称测量。

这种方法是采用双端对称输入连接到 DVM,即 DVM 的 H、L 端对地均有较大阻抗,这种方法虽然没有采用浮置连接,但可以有效地减小 I_1、I_2,从而减小共模干扰的影响。

③ 浮置双端对称测量。

双端对称输入再采用浮置方法,可进一步提高共模抑制比。而且,如果在浮置双端对称中,再增加一条连接信号源地与 DVM 地的导线,即采用三线连接(信号 H、L 端和地线),则还可更进一步提高共模抑制比。在实际工作中,往往采用双芯屏蔽电缆线,双芯导线连接 H、L 端,屏蔽线则连接地线,如图 3-40 所示。

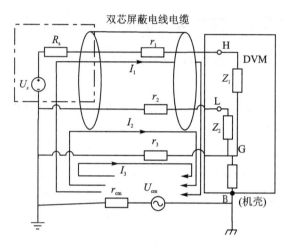

图 3-40 浮置双端对称连接等效电路

④ 屏蔽与隔离。

上述浮置双端对称输入是一种较好的抗共模干扰措施,但许多 DVM 的输入电路仍为不对称的单端输入,而采用了双层屏蔽技术,即将内部模拟电路部分(包括输入电路)设置在一个屏蔽盒内(模拟地与屏蔽盒之间有很高的绝缘电阻),同时,屏蔽盒与 DVM 的外壳(外层屏蔽)也高度绝缘,也可以达到良好的抗共模干扰的效果。

3.3 信号波形测量

在电子测量中,总是希望能够直接观察到信号随时间变化的情况,观察信号的波形、幅度、周期(频率)等基本参量,时域波形测量技术可以帮助人们完成对信号波形的检测。示波器是利用时域波形测量技术进行信号时域分析的最典型的仪器,也是当前电子测量领域中品种最多、数量最大、最常用的一类仪器。信号波形可以通过模拟测量或数字测量的方法观察,模拟测量一般可以通过模拟示波器实现,数字测量采用数字采样与处理技术实现。

3.3.1 信号波形的模拟测量

模拟示波器的结构原理图如图 3-41 所示。在电子枪中,电子运动经过聚焦形成电子束,电子束通过垂直和水平偏转板打到荧光屏上产生亮点,亮点在荧光屏上垂直或水平方向偏转的距离,正比于加在垂直或水平偏转板上的电压,即亮点在屏幕上移动的轨迹,是加到偏转板上电压信号的波形。示波器显示图形或波形的原理,就是基于电子与电场之间的相互作用原理进行的。根据该原理,示波器可显示随时间变化的信号波形和显示任意2个变量 X 与 Y 之间的关系图形,如图3-41所示。

3.3.2 波形的数字测量

随着通信技术以及计算机技术的迅速发展,利用数字系统处理模拟信号变得更加普遍。波形数字测量的基本流程如图3-41所示,首先对模拟被测信号进行采集,转换为数字信号,然后进行存储,最后再进行波形的处理和显示。

图3-41 波形数字测量流程图

1. 信号采样

采样在连续时间信号与离散时间信号之间起着桥梁作用,是模拟信号数字化的第一步,通过合适的采样方法,得到离散信号波形序列,使得被采样信号的波形、幅度、周期(频率)等参量能在数字化微处理器中进行进一步的测量分析,同时还可以对波形的采样点进行保存。基于采样定理,需根据不同的应用场合选择相应的采样方式,主要采用实时采样和等效采样2种方式。实时采样利用多片 ADC 并行采样以缩短 ADC 的采样间隔,提高系统采样率,而等效采样则可以实现很高的数字化转换速率。

(1) 采样定理

信号的采样是将一个时间或空间上的连续信号转换成一个数值序列的过程。采样定理(香农采样定理、奈奎斯特采样定理)指出如果信号是带限的,并且采样频率是信号带宽的2倍以上,那么原来的连续信号可以从采样样本中完全重建出来。从信号处理的角度来看,采样定理描述了2个过程:一是采样,将连续时间信号转换为离散时间信号;二是信号的重建,将离散信号还原成连续信号。当按某频率对一个信号或信号带进行采样时,会在重建的波形中出现和频及差频分量。一般和频在所关心的频带外,很容易将它滤掉。而差频也要设法滤掉,这样才能将所有的分量滤掉,从而恢复出原来的模拟信号。为了降低系统对低通滤波器截止特性的要求,必须提高采样率,工程上常以3 dB 截止频率作为信号带宽。因此采样频率一般要求达到3 dB 截止频率的3~5倍。

(2) 高速模-数转换器

宽带数字示波器中的高速 A/D 转换器主要有并行比较式和并串比较式2大类。

并行比较式 ADC 的转换速率高达几百兆,采用直接比较原理,如图3-43所示。待转换的信号 U_i 同时作用于若干个比较器的输入端,这些比较器具有不同的比较电平。对于 n 位 ADC 而言,一共用 (2^n-1) 个比较器,对应与 (2^n-1) 个量化等级,每一个比较器的比较电平从基准电压 $+U_r \sim -U_r$ 经分压而得,它们依次相差 1LSB。当信号 U_i 作用于测量电路输入端时,如果大于某比较电平,则对应的比较器输出为高电平,反之则为低电平。这些比较结果经编码逻辑电路得到 n 位二进制码,送至输出寄存器,即为模数转换结果。图3-42所示电路是在采样时钟的作用下工作的,当被测信号作用于输入端时,比较器的输出就跟踪被测信号的变化,只有在采样时钟为有效时,比较器的结果才被保持、输出。由于并行比较式 ADC 的各个比较器同时进行比较,它的转换速度取决于比较器、编码器、寄存器的响应速度,所以转换速度很快,有闪烁式 ADC(Flash ADC)之称。

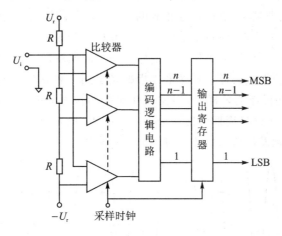

图 3-42 并形比较式 ADC 原理框图

并行式 ADC 转换速度最快,但电路结构比较复杂、成本较高。如 8 位并行 ADC 就需要 255 个比较器,如果位数多,实现的难度就更大,因此人们提出了并串式 ADC。并串式 ADC 吸取了并行式 ADC 快速的优点,同时也减少了比较器的数量,电路也简单,但是要花两步才能完成一次转换过程,转换速度要比并行的慢,如图 3-43 所示是 8 位并串式 ADC 的原理框图。

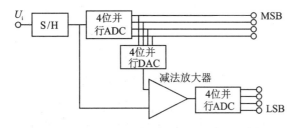

图 3-43 并串比较式 ADC 原理框图

(3) 实时采样

实时采样通常是以信号频率的 5 倍甚至 10 倍的频率去采样。实时采样是在触发后的一个周期内,连续高速的对信号进行采样,一次捕捉完这个周期内信号的全部波形数据。特点是采样频率高于信号频率,并且能够捕捉单次、瞬态信号和缓慢信号。

在实际应用中,由于 ADC 必须以高于最低采样率的频率准确工作,最高采样率取决于 ADC 的最高转换速率,这就限制了对较高频率信号的采样。与信号的频率和带宽相比,采样率越高则信号越准确。实时采样对波形逐点采集,优点是可以获取被测信号的一次瞬变值,实时显示输入信号的波形,因此适合于任何形式的信号波形,不管它是周期的或者非周期的,单次的或者是连续的。

(4) 等效采样

实时采样虽然可以实时显示输入信号的波形,但是时间分辨率较差,每个样点的采样、量化、存储必须在小于采样间隔的时间内完成。因此出现了等效采样技术,基本原理就是通过多次触发,多次采样而获得并重建信号波形,但前提是信号必须是重复的。等效采样通过多次采样,把在信号不同周期中采样得到的数据进行重组,从而能够重建原始的信号波形。

等效采样的实质是把高频、快速信号变成低频、慢速重复信号。一般在重复信号的每个周期或相隔几个周期取一个样点,而每个采样点分别取自每个输入信号波形不同的位置上,若干个采样点成为一个周期,可以组成类似于原信号的一个周期波形,但是周期拉长了。等效采样可分为 2 种:**顺序采样**和**随机采样**。顺序采样指的是采用一种根据被测信号频率计算得出的采样频率对被测信号进行连续采样,再根据采样频率和被测频率恢复原波形,如图 3-44 所示。顺序采样不是在一个信号周期内捕获全部的采样点,而是每个信号周期只捕获一个采样点。当发生触发时,在触发后精确控制的时间内进行取样。

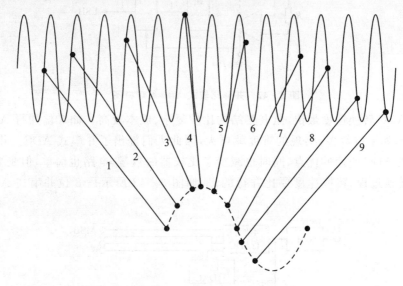

图 3-44 顺序采样示意图

随机采样指的是使用一个固定的频率对信号进行连续多个周期的采样,同时用另一个采样器对采样点的相位进行采样,根据测得的相位对测得的幅度值进行排序,即可获得等效波形。与连续等效采样相比,随机采样采用内部的时钟。它与输入信号和信号触发的时钟不同步,样值连续不断地获得,而且独立于触发位置。通过记录采样数据与触发位置的时间差来确定采样点在信号中的位置来重建波形。这就产生了准确测量与采样触发点相关的位置问题,这是随机采样的难题之一。

2. 采样点的存储

由于模拟信号经过 ADC 采集输出的数据速率较高,很难实现实时处理,因此需要将高速数据流先缓存起来。通常构成高速缓存的存储器有先进先出存储器(FIFO)、双口 RAM 和高速 SRAM、DRAM 等。触发信号通过对波形存储的控制,达到观察用户感兴趣的那段波形的目的。所谓触发是按照需求设置一定的触发条件,当波形流中的某一个波形满足这一条件时,示波器即实时捕获该波形和相邻部分,并显示在屏幕上。

(1) 存储深度的概念

存储深度表示示波器在最高实时采样率下连续采集并存储采样点的能力,通常用采样点数(pts)表示。在存储深度一定的情况下,存储速度越快,存储时间就越短,它们之间是一个反

比关系。存储速度等效于采样率,存储时间等效于采样时间,所以有

$$存储深度 = 采样率 \times 采样时间$$

提高示波器的存储深度可以间接提高示波器的采样率。当要测量较长时间的波形时,由于存储深度是固定的,所以只能降低采样率来达到,但这样势必造成波形质量的下降;如果增大存储深度,则可以以更高的采样率来测量,以获取不失真的波形。存储深度决定了数字示波器同时分析高频和低频现象的能力,包括低速信号的高频噪声和高速信号的低频调制。

(2) 通过触发控制来实现波形的存储

多数情况下,待分析的信号波形信息并不紧跟在引起稳定触发的信号部位后面,而是在触发以后一段时间,或者可能在触发之前。例如:当一个半导体器件导通时,输出信号的幅度可能很大,可以用它来触发示波器。但是如果要研究该半导体器件开始导通时很小的输入信号时,就会发现这个信号因太小而不能准确地触发示波器,这就要求示波器具有预触发/延迟触发功能。

3. 波形的处理

被测波形被转化为离散的数字序列并被捕捉、存储下来后,最大好处便是可以利用处理器强大的功能进行波形的各种处理和运算。在这一环节主要包含 2 方面的工作,即波形重构和波形参数的测量。

(1) 波形重构

波形重构,即信号波形的重建,就是利用有限的采样数据按照一定的法则进行计算,以确定重建原始信号所需其他各个实际非采样点上的值,能够获取信号的全貌和所需的更多波形细节。波形重建的具体实现是通过对获取到的波形数据进行信号的抽样或插值,减少采样率以去掉多余数据的过程称为信号的抽样,提高采样率以增加数据的过程称为信号的插值。

(2) 波形参数计算

参数测量是波形数字测量时很重要的一项功能,它主要描述用户所关心信号的数字特征。波形参数主要分为时间类参数和幅度类参数 2 大类。

时间类参数主要包括数率、周期、上升/下降时间、正/负脉宽、突发脉宽、正/负占空比、相位和延迟等。

幅度类参数主要包括最大值、最小值、顶端值、底端值、中间值、峰-峰值、幅度、平均值、有效值、过冲、预冲、方均根和有效值等。

(3) 波形显示

在波形的数字测量中,对波形的显示通常有模拟和数字 2 种处理手段。

模拟显示是将数字信号进行插值或抽取处理后再由 D/A 转换器模拟化处理,再通过该模拟信号驱动 CRT 显示器进行显示。数字显示是将采样点直接转换成数字显示器的像素点进行显示,大多数数字示波器普遍采用液晶显示器。

3.4 信号的频谱测量

3.4.1 概述

1. 频谱测量的概念

信号频谱是指信号所包含的全部频率分量的总和。频谱测量的目的就是分析信号由哪些不同频率、相位和幅度的正弦信号所构成,常将随频率变化的幅度谱称为频谱。

连续时间信号频谱测量的基础是傅里叶变换,通过以复指数信号 $e^{-j\omega t}$ 来构造其他各种信号,该信号的实部和虚部分别是余弦函数和正弦函数。因此,一旦知道了信号的频谱,它的频率特性也就一目了然。任意一个时域信号都可以被分解为一系列不同频率、不同相位、不同幅度的正弦波组合。

对信号进行频域分析的实质是通过频谱测量研究信号本身特征,在电子测量中占据着重要地位。例如:从事通信工程的技术人员更希望检查蜂窝无线电系统的载波信号谐波成分,因为它们可能会干扰工作于同一谐波频率下的其他系统。

2. 典型信号的频谱特性

典型连续时间周期矩形脉冲信号的频谱如图 3-45 所示,分析频谱特征有以下几个特点:

① 离散性:频谱是离散的,由无穷多个冲激函数组成。

② 谐波性:谱线只在基波频率的整数倍上出现,即:谱线代表的是基波及高次谐波分量的幅度或相位信息。

③ 收敛性:频谱是幅度收敛的,即:各次谐波的幅度随着谐波次数的增大而逐渐减小。

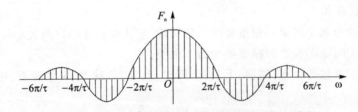

图 3-45 典型连续时间周期信号的频谱

根据傅里叶频谱分析理论,非周期连续时间信号的频谱的特征为:

① 连续性:非周期信号的频谱是连续的,频谱成分不可列。

② 收敛性:幅度频谱总体趋势具有收敛性,谐波的频率越高幅值密度越低。

离散时间信号频谱分析理论基础是序列傅里叶变换,它是分析离散时间信号与系统特性的重要工具。序列傅里叶变换的基本特性是以 $e^{j\omega n}$ 作为完备正交函数集,对给定序列进行正交展开,很多特性与连续信号的傅里叶变换相似。

从频谱图形来看,信号的频谱有 2 种基本类型,一种是离散频谱,又称线状谱线。这种频谱的图形呈线状,各条谱线分别代表某个频率分量的幅度,每 2 条谱线之间的间隔相等,等于周期信号的基频或基频的整倍数。另一种是连续频谱,可视为谱线间隔无穷小,连成了一片。非周期信号和各种随机噪声的频谱都是连续的,即:在所观测的全部频率范围内都有频率分量存在。实际的信号频谱往往是上述 2 种频谱的混合,被测的连续信号或周期信号频谱中除了基频、谐波和寄生信号所对应的谱线外,还不可避免地会有随机噪声所产生的连续频谱基底。

3. 频谱分析的内容与方法

(1) 频谱分析的内容

频谱分析一般包括对信号幅度谱、相位谱、功率谱和能量谱等本身频率特性的分析,通过测量获得信号在不同频率上的幅度、相位、功率等信息;还包括对线性系统非线性失真的测量,例如:噪声、失真度、调制度等。进行信号频谱测量与分析的主要仪器为频谱分析仪。

(2) 频谱分析仪的基本原理

频谱分析仪在频域测量领域内的重要地位与时域测量中的示波器相类似,有"频域示波器"之称。简单地说,频谱分析仪是利用不同方法在频域内对被测信号的电压、功率、频率等参数进行测量并显示的仪器,通常有实时分析(快速傅里叶变换,简称 FFT 分析)、非实时分析 2 种实现方法。

实时分析法主要应用于数字式频谱仪,是在某一特定时段对时域内采集到的数字信号进行 FFT 变换,得到信号相应的频域信息,从而获得信号的幅度谱和相位谱等信息。实时分析法可以充分利用数字技术和计算机技术,特别适用于非周期信号和瞬态信号的频谱测量。基于这种方法的频谱仪能够在被测信号发生的实际时间内取得被测信号全部的频谱信息。

非实时分析方法包括 2 种:

① 扫频式分析,使分析滤波器的频率响应在频率轴上进行扫描。

② 差频式分析,有时也称外差式分析,它是利用超外差接收机原理将频率可变的扫频信号与被测信号在混频器中差频,再通过测量电路对所得的固定频率信号进行分析,依次获得被测信号中不同频率成分的幅度信息。在任意瞬间因为只有一个频率成分能够被测量,这种方法只适用于连续信号和周期信号的频谱测量,很难得到信号的相位信息。差频式分析是频谱仪最常采用的方法。

(3) 频谱分析仪的分类

频谱仪按照分析处理方法的不同,有多种分类,可分为模拟式频谱仪、数字式频谱仪和模拟/数字混合式频谱仪;根据基本的工作原理,可分为扫描式频谱仪和非扫描式频谱仪;按照处理信号的实时性,分为实时频谱仪和非实时频谱仪;根据频率轴刻度的不同,可分为恒带宽分析式频谱仪和恒百分比带宽分析式频谱仪;按照输入通道的数目,可分为单通道和多通道频谱仪;按照工作频带的高低,可分为高频、射频、低频频谱仪等。

模拟式频谱仪以扫描式结构为基础,根据组成方法的差异又分为射频调谐滤波器型、超外差型 2 种,分别采用滤波器组或混频器实现被分析信号中各频率分量的逐一分离。所有早期的频谱仪几乎都属于模拟滤波式或超外差结构,这种方法至今仍被沿用或采纳。数字式频谱仪分为扫描式及非扫描式 2 种,数字频谱仪精度高、性能灵活,但由于受到数字系统工作频率的限制,如高速大动态采样技术限制,目前单纯的数字式频谱仪一般仅适用于低频段的实时分析,尚达不到宽频带高精度频谱分析的能力。

实时和非实时的分类方法主要针对频率较低或频段覆盖较窄的频谱仪而言。所谓"实时"并非是指时间上的快速,实时分析应达到的速度与被分析信号的带宽以及所要求的频率分辨率有关。一般认为,实时分析是指在长度为 T 的时段内,完成频率分辨率达到 $1/T$ 的谱分析;或者待分析信号的带宽小于仪器能够同时分析的最大带宽。显然,在一定频率范围内讨论实时分析才有现实意义;在该范围内,数据分析速度与数据采集速度相匹配,不会发生积压现象,这样的分析是实时的;如果待分析的信号带宽超过这个频率范围,则分析变成非实时的。

恒带宽分析与恒百分比带宽分析的重要区别在于,恒带宽分析式频谱仪的频率轴为线性刻度,此时信号的基频分量和各次谐波分量在频谱上等间距排列,便于表征信号特性,适用于周期信号的分析和波形失真分析。而恒百分比带宽分析式频谱仪的频率轴采用对数刻度,可以覆盖较宽的频率范围,能够兼顾高、低频段的频率分辨率,适于进行噪声类广谱随机信号分析。

3.4.2 扫描式频谱仪

扫描式频谱仪可以分为滤波式和外差式2种。

1. 滤波式频谱分析技术

(1) 滤波式频谱分析仪原理

滤波式频谱分析仪的原理基本一致,都是利用采用窄带滤波器分选出待分析信号不同频率分量,再用视频检波器将该频率分量变为直流信号,而后送到显示器将直流信号的幅度显示出来。如图3-46所示为滤波式频谱仪的基本组成及结构。为了显示被测信号的不同频率分量,图中窄带滤波器的中心频率要么是多个固定频率的组合,要么是可变的。

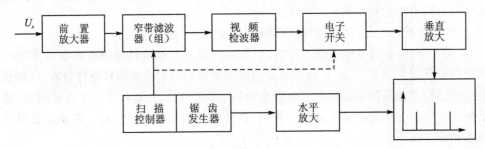

图3-46 滤波式频谱分析仪

其中,对于固定窄带滤波器组的形式,各窄带滤波器的中心频率是固定的,依次排列覆盖整个测量频率范围。在频率范围不宽时,简单易行。然而在频带较宽或较高频段的情况下需要大量滤波器,仪器体积过大,不适于宽带分析,一般用于低频段测试场合。

可变窄带滤波器的中心频率在待测频率范围内是可调谐,通过锯齿波电压的控制沿频率轴改变,从而分离出被测信号不同的频率分量。经视频检波器后加到垂直放大器,实现待测信号的频谱分析。这种形式的频谱分析技术主要有扫描滤波式频谱仪,也可采用数字滤波器形式。

(2) 带通滤波器的性能指标

带通滤波器是滤波式频谱仪中的关键器件之一,带通滤波特性的好坏直接影响着频谱分析的分辨率、精度等指标,主要的技术指标包括以下几种。

① 带宽(Band Width)。

带通滤波器的带宽通常是指3 dB带宽,如图3-47所示。由于3 dB点对应于功率谱中的功率中分点,因而3 dB带宽也被称为半功率带宽。

② 波形因子(Shape Factor)。

波形因子定义为滤波器特性曲线衰减到60 dB时的带宽与3 dB带宽之比,是带通滤波器

的一个重要指标,即

$$SF_{60/3} = \frac{B_{60\text{ dB}}}{B_{3\text{ dB}}} \quad (3.47)$$

带通滤波器波形因子如图 3-48 所示。波形因子比值越小并趋近于 1 时,说明滤波器的 60 dB 带宽与 3 dB 带宽越接近。实际的滤波器特性曲线也就越接近于矩形,所以波形因子也被称为矩形系数。波形因子反映了频谱仪能够区分 2 个不等幅频率分量的能力,所以被同时作为选择性(Skirt Seleclivity)指标,也称带宽选择性。

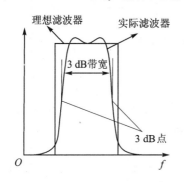

图 3-47　带通滤波器 3 dB 带宽图

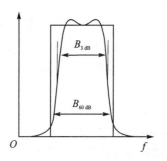

图 3-48　带通滤波器波形因子图

③ 滤波器响应时间(Response Time)。

滤波器响应时间也称滤波器的建立时间,是指一个信号从加到滤波器输入端到获得稳定输出所需的时间。通常用达到稳幅幅度的 90% 所需的时间 T_R 来表述,它与绝对带宽 B 成反比,即

$$T_R \propto \frac{1}{B} \quad (3.48)$$

宽带滤波器的响应(建立)时间短,因而测量速度较快;窄带滤波器建立时间较长,但有更高的频率分辨率和更好的信噪比。

2. 外差式频谱仪

外差式频谱仪利用无线电接收机中普遍使用的自动调谐方式,通过改变本地振荡器的频率来捕获接收信号的不同频率分量。频率变换原理与超外差式收音机的变频原理完全相同,只不过把扫频振荡器用作本振而已,所以也被称为扫频外差式频谱仪。

(1) 外差式频谱仪的原理

外差式频谱仪原理框图如图 3-49 所示,主要包括输入通道、混频电路、中频处理电路、检波、视频滤波和显示等部分。频率为 f_x 的输入信号与频率为 f_1 的本振信号在混频器中进行差频,只有当差频信号的频率落入中频滤波器的带宽内时,即当 $f_1 - f_x = f_i$(f_i 为中频滤波器的中心频率)时,中频放大器才有输出,且大小正比于输入信号分量 f_x 的幅度。因此只需连续调节 f_1,输入信号的各频率分量就将依次落入中频放大器的带宽内。中频滤波器输出信号经检波、视频滤波和放大后,进行信号频谱显示。

外差式频谱分析仪具有频率范围宽、灵敏度高、频率分辨率可变等特点,是目前频谱仪中数量最大的一种,尤其在高频段应用更多。但由于本振是连续可调的,频谱依次被顺序采样,因此外差式频谱分析仪不能实时分析信号的频谱。这种分析仪只能提供幅度谱,而不能提供

相位谱。

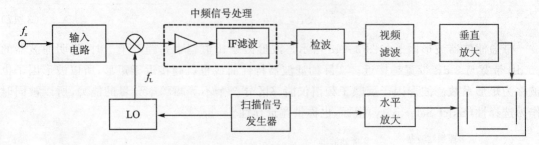

图3-49 外差式频谱仪原理框图

(2) 外差式频谱仪的主要性能指标

① 输入频率范围(Frequeney Range)。

频谱仪能够进行正常工作的最大频率区间,由扫描本振的频率范围决定。现代频谱仪的频率范围通常可以从低频段直至射频段,甚至毫米波段。

② 频率扫描宽度(Span)。

扫描宽度表示的是频谱仪在一次测量过程中(即一次频率扫描)所显示的频率范围,可以小于或等于输入频率范围。

③ 频率分辨率(Resolulion)。

频率分辨率是指频谱仪能够将相邻频谱分量分辨出来的能力,主要由中频滤波器的带宽决定,同时受到本振频率稳定度的影响。

④ 频率准确度(Frequency Accuracy)。

频率准确度是指频谱仪频率轴读数的准确度,与参考频率(本振频率)的稳定度、扫描宽度、分辨率带宽等多项因素有关。

⑤ 扫描时间(Sweep Time)。

扫描时间是指频谱仪进行一次全频率范围的扫描、并完成测量所需的时间,有时也叫分析时间。通常希望扫描时间越短越好,但为了保证测量准确度,扫描时间必须适当。

⑥ 相位噪声/频谱纯度(Phase Noise/Spectrum Purity)。

相位噪声简称相噪,是频率短期稳定度的指标之一。它反映了频率在极短期内的变化程度,表现为载波的边带,所以也叫做边带噪声。相噪由本振信号频率或相位的不稳定引起,本振越稳定,相噪就越低,同时它还与分辨率带宽有关。相位噪声是影响频谱仪分辨不等幅信号的因素之一。

⑦ 幅度测量准确度(Level Accuracy)。

频谱仪的幅度测量准确度分为绝对幅度精度和相对幅度准确度2种,由多方面因素决定。绝对幅度准确度是针对满刻度信号给出的指标,受输入衰减、中频增益、分辨率带宽、刻度逼真度、频率响应以及校准信号本身的准确度等几种指标的综合影响。相对幅度准确度与相对幅度测量的方式有关。

⑧ 动态范围(Dynamic Range)。

动态范围是指频谱仪同时可测的最大与最小信号的幅度比,通常是指从不加衰减时的最佳输入信号电平起,一直到最小可用的信号电平为止的信号幅度变化范围。动态范围一般受限于3个因素:输入混频器失真特性、系统的灵敏度以及本振信号相位噪声。

⑨ 灵敏度/噪声电平(Sensitivity)。

灵敏度指标表达的是频谱仪在没有信号存在的情况下因噪声而产生的读数,只有高于该读数的输入信号才可能被检测出来,常以 dBm 为单位。因此,灵敏度常常也用最小可测的信号幅度来代表,数值上等于显示平均噪声电平。

⑩ 本底噪声(Noise Floor)。

即来自频谱分析仪内部的热噪声,也叫噪底,是系统的固有噪声。本底噪声会导致输入信号的信噪比下降,它是频谱仪灵敏度的量度。

3.4.3 傅里叶分析仪

傅里叶分析仪属于数字式频谱分析仪,是将输入信号数字化,并对时域数字信息进行 FFT 以获得被测信号的频域表征。现代的实时频谱分析仪即是 FFT 分析技术的典型发展。基于 FFT 的频谱分析仪,由于采用微处理器或专用集成电路,在速度上明显超过传统的模拟式扫描频谱仪,能够进行实时分析;但它同时也受到模-数转换电路的指标限制,通常只具有有限带宽,工作频段较低。

1. 傅里叶分析仪原理及组成

傅里叶分析仪能完成与并行滤波式频谱仪相同的功能,而无需使用许多带通滤波器。不同之处是,傅里叶分析仪采用数字信号处理的方式来实现多个独立滤波器的功能。如图 3-50 所示为傅里叶分析仪的组成框图。输入信号首先经过可变衰减器以提供不同的幅度测量范围,然后经低通滤波器除去仪器频率范围之外的高频分量。接下来对信号进行时域波形的采样和量化,转变为数字信号。最后由微处理器通过 FFT 变换计算被测信号的频谱,并将结果显示出来。

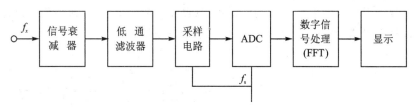

图 3-50 傅里叶分析仪的组成

2. 傅里叶分析仪的性能指标

采用 FFT 法进行频谱分析与滤波法有很大的不同。信号在时域、频域 2 个方向上离散化,分析是对离散序列中一个长度为 N 点的样本数据(记录)进行的,所得频谱与周期信号理论上存在的线谱有不同的意义,评价指标主要有频率特性、幅度特性和分析速度。

① 频率特性。

主要包括频率范围和频率分辨率 2 个指标。频率范围由采样频率决定,为了防止频谱混叠,一般采取过采样,即 $f_s > 2.56 f_{max}$,其中,f_{max} 为信号的最高待分析频率。

频率分辨率和信号的采样频率以及离散傅里叶变换的点数有关。当采样频率一定时,离散傅里叶变换的点数越多,频率分辨率越高,反之亦然。频率分辨率 Δf、采样频率 f_s 和分析点数 N 三者之间的关系为 $\Delta f = f_s / N$。

② 幅度特性。

主要包括动态范围、灵敏度、幅度读数精度 3 个指标。动态范围取决于 ADC 的位数、数字数据运算的字长或精度。灵敏度取决于本底噪声,主要由前置放大器噪声决定。幅度读数精度的误差来源包括计算处理误差、频谱混叠误差、频谱泄漏误差等多种系统误差或统计误差。

③ 分析速度。

主要取决于快速 FFT 的运算时间、平均运行时间及结果处理时间。实时频谱分析的频率上限可由 FFT 的速度推算而得。

3.4.4 模数混合型外差式频谱分析仪

现代频谱仪将外差式扫描频谱分析技术与 FFT 数字信号处理结合起来,通过混合型结构集成两种技术的优点。这类频谱仪的前端仍然采用传统的外差式结构,而在中频处理部分则采用全数字结构,前端输出的最后级中频信号由 ADC 直接量化,所有的中频处理如:分辨率带宽处理、幅度刻度、检波模式等均由数字信号处理电路完成,包括涉及的 FFT 运算也由专用数字信号处理器或专用数字逻辑算法实现。这种方案充分发挥了外差式频谱仪的宽频率范围及数字信号处理技术的优势,使得在很高的频率上进行极窄带宽、高幅值精度的频谱分析成为可能,整机性能大大提高。

1. 基本工作原理

模数混合型外差式频谱分析仪的基本结构框图如图 3-51 所示。其中,模拟前端的原理同外差式频谱分析仪射频前端电路类似,主要用于将大动态幅频范围的输入信号合适地调节到一个易于处理的中频信号。模拟前端单元的电路结构从功能上大致分为射频输入、本振发生、多级混频、抗混叠滤波和中频预处理几部分。射频输入电路由输入衰减器、低通滤波器构成。输入衰减器对信号进行可调的衰减以获得较大动态范围。输入程控步进衰减器受系统软件控制,对射频输入信号的电平进行调整,使混频器输入的电平合适,避免信号过载、增益压缩及失真,并且根据显示参考电平,与后级的中放增益自动调整。

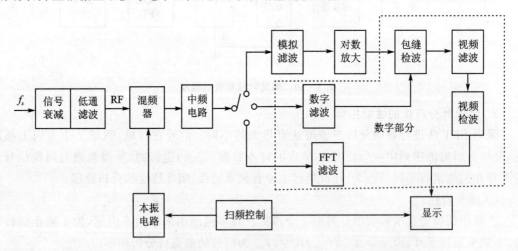

图 3-51 模数混合型外差式频谱分析仪的基本结构框图

本振电路、多级混频与中频滤波的功能是通过外差频的方式将待测射频信号的各个频率成分搬移到中频,并有效滤除镜像频率,中频信号放大用于测试动态范围的调整。上述结构与前述模拟式扫频外差式频谱仪完全类似,而整机最大的不同在于中频部分完全采用数字中频处理完成,以改善系统指标。图中,虚线以内的数字中频部分,包括了 2 种分辨率滤波器模式,一种是采用数字滤波器,如 FIR 滤波器;另一种是采用 FFT 分析技术,称为 FFT 滤波器,现代扫频外差式频谱分析仪基本都提供这 2 种分辨率滤波器模式。

2. 实时宽带频谱测量技术

由于全数字中频处理技术的进步,频谱测量技术在实时宽带处理能力等方面近年来有了显著提升,较大程度上克服了扫频外差式频谱仪实时能力不足的缺点。例如:扫频外差式频谱仪在测试中对连续信号的频谱可以通过扫频方式,在一定的扫频时间内捕获信号的频谱。但是,若信号的特征是瞬时或突发的情形,在扫频时间内并不一定能捕获到信号的频谱。

对于瞬变信号的测试常常需要了解信号频率、幅度甚至调制参数等在短期和长期内的行为方式,通过扫频频谱分析仪和矢量信号分析仪可以在频域和调制域内提供信号概况,但通常还不足以提供可以描述信号瞬时动态变化的信息,这就需要在频谱测量中增加另一个关键维度——时间信息,满足测试的实时性要求。

实时宽带频谱测量技术结合了 FFT 分析以及扫频外差式频谱仪的各自优点,使得频谱测量可以在很高的频率上进行窄带宽的频谱分析,并且保持较好的实时性,在测试仪器领域获得了较多关注。

如图 3-52 所示为实时宽带频谱仪的基本组成,与扫频外差式频谱仪相比,具备类似的射频前端电路,包括程控衰减、低通滤波、混频单元。实时宽带频谱仪的所谓"宽带"特征体现在每一次测量瞬时内仪器捕获信号可分析的带宽,称为一次分析带宽。不同于前述的扫频外差式频谱仪本振采用逐点扫频方式,它的扫频方式是逐段完成,每段的宽度是仪器当前设置的一次分析带宽,最大的仪器标称的实时处理带宽甚至可达 100 MHz 以上。分析带宽这一指标取决于模—数转换器件的最高采样率、后续 FFT 实时处理能力以及中频前置的宽带滤波器的设计指标。仪器每次处理一个段的频谱信息,并逐段构成整个频率测量范围,较之逐点扫频方式,此方式降低了对扫频本振源的设计要求,却利用实时 FFT 技术实现了具有宽带、分析带宽内实时等特征的频谱测量,即也带内实时,这正是实时宽带频谱仪的所谓"实时"特征的体现。并且基于 FFT 技术的特点,信号的相位信息得以保留,可实现分析带宽内信号的幅度谱及相位谱的实时测量。

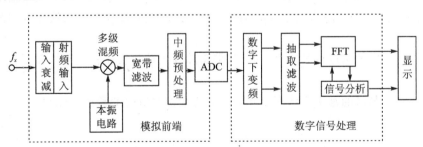

图 3-52 实时宽带频谱仪的基本组成

3.4.5 频谱仪的应用

1. 相位噪声测量

除了完成幅度谱、功率谱等一般功能的测量外,频谱仪还能够用于对相位噪声、邻近信道功率、非线性失真、调制度等频域参数进行测量,甚至进行时域波形的测量。

相位噪声是本振短期稳定度的表征,也是频谱纯度的一个重要度量指标。它通常会引起波形在零点处的抖动,在时域中不易辨别,而在频域中表现为载波的边带,所以常在频域内进行侧量。

2. 脉冲信号测量

脉冲信号是雷达和数字通信系统中一类重要的信号,它的测量比连续波形要困难。如果采用窄分辨带宽进行频谱测量,频谱显示将呈现出离散的谱线;如果采用较宽的分辨带宽,这些谱线就会连成一片。可见,不同的频谱仪设置可能对同一个脉冲信号的测量结果产生不同影响。

3. 信道和邻道功率测量

现代 CDMA 无线通信系统中,多用户共享着很宽的传输信道和接收信道。为了确保各用户正常通信,必须避免在各频段上没有相邻信道的发射干扰。因此,有必要对邻近信道的功率进行限定,使绝对功率(单位为 dBm)或相对于传输信道的相对功率不致大到影响传输的地步。

思考题

1. 测量频率的方法按测量原理可以分为哪几类?
2. 简述原子频标的基本原理?
3. 分析通用计数器测量频率和周期的误差以及减小误差的方法。
4. 某通用计数器最大闸门时间 $T = 10$ s,最小时标 $T_s = 0.1\ \mu s$,最大周期倍乘 $P = 10^4$,为尽量减小量化误差对测量结果的影响,问:当 f_s 小于多少 Hz 时,宜将测频改用测周后再进行换算?
5. 使用模拟内插法进行时间测量时,如何消除放大倍数及比较电平的温漂对测量结果的影响?
6. 微波频率测量的常用方法有哪几种?请详细说明置换变频法的原理。

第4章 电子设备故障分析

　　设备故障诊断技术是近几十年发展起来的一门新学科,它是为适应各种工程需要而形成的多学科交叉的综合学科。在当今技术竞争日益激烈的环境下,工业企业成功的关键因素之一是产品和制造过程的质量控制;而在军事领域里,对武器装备的可靠性、保障性和可维修性还有更高的要求。另一方面,随着现代工业及科学技术的迅速发展,特别是计算机技术的发展,设备的结构越来越复杂,自动化程度也越来越高,不仅同一设备的不同部分之间互相关联,紧密耦合,而且不同设备之间也存在着紧密的联系,在运行过程中形成一个整体。因此,一处故障可能引起一系列连锁反应,导致整个设备甚至整个过程不能正常运行,轻者造成停机、停产,重者会产生严重的甚至灾难性的人员伤亡。最典型的灾难性故障如:1984年12月印度博帕尔农药厂毒气泄漏事故,造成2 000多人死亡,成为目前为止世界工业史上空前的大事故;1986年4月,前苏联切尔诺贝利核电站放射性泄漏事故,损失达30亿美元,核污染波及周边各国;1986年1月,"挑战者"号航天飞机由于固体燃料助推火箭密封泄漏而引起燃料箱爆炸,导致7名宇航员全部遇难,总计损失达12亿美元;2003年2月1日,载有7名宇航员的美国哥伦比亚号航天飞机,在结束了为期16天的太空任务,返回地球时,在着陆前发生意外故障,航天飞机全部解体坠毁,该事故不仅造成巨大的经济损失,而且使人类探索太空的航天事业遭受重大影响。这些灾难性的事件无时无刻不在警示人们,现代设备系统运行的安全性和可靠性的重要作用。目前,设备的状态监测与故障诊断已成为现代工业生产、航空航天和国防建设中的重要内容,也是科学界研究的热点之一。

　　所谓故障,广义地讲,可以理解为任何系统的异常现象,使系统表现出所不期望的特性。有时故障也可以定义为产品不能执行规定功能的状态,例如:电脑死机、汽车刹车失灵、电台接收不到信号以及最简单的灯泡通电后不亮等都属于故障。而电子设备的故障又有它特有的性质,也是研发人员或最终使用人员在研发和使用过程中经常会面临的挑战。故障有如下几个特点:

　　① 故障是与功能密切相关的。产品的功能是判断故障的主要依据,故障分为明显功能故障和隐蔽功能故障,为了发现隐蔽功能故障,常需要理清装备的全部功能。

　　② 故障是有后果的。它会给安全、使用和任务的完成带来程度不同的影响,电子设备维修工作重点是根除危及设备安全的故障,排除影响仪器正常使用的故障因素,发现潜在故障,消除故障隐患。

　　③ 故障是相对的、有条件的。例如:一部雷达,在低空工作正常,而在万米以上高空工作可能会不正常,因此这部雷达只能用于万米之下,否则会发生"故障"。

　　④ 故障是有发展过程的,因而大多数装备的故障是可以识别的。大多数装备的故障总是通过一定的形式,以某种现象或状态反映出来。

　　只有掌握了电子设备故障产生的一般规律及应对的通用方法,才能快速地排除故障、预防隐患发生。而这些规律和检测预防方法又是从实践中点滴积累和总结的,对于某个特定故障不是简单套用这些规律和方法就一定能解决,还要结合实际情况仔细分析,也许可以从中发现一种规律或方法。

本章的内容主要结合多位工程师数年的工作经验,专门针对电子设备故障特点、故障规律、故障机理分析及故障诊断进行总结,希望对读者有所帮助。

4.1 电子设备的特点和故障的关系

电子设备种类多,而且同一种设备也会因各种因素存在差异,这就导致故障表现为有规律性和无规律性。这里大致总结了电子设备的一些特点,只有了解了这些特点才能更好地找到故障的规律。

① 电子设备的组成涉及到多学科、多领域。

电子设备除了涉及到电磁学的相关知识外,还包括机械加工、材料等行业。其中每个部分都可能出现故障,而且有些故障不是单一方面造成的,必须要相关专业的工程师配合才能解决。

② 电子设备的使用环境复杂多变。

电子设备已经成为人们生活的一部分,随处可见,在各种环境都会遇到。而且对于同样一种设备也可能使用环境大相径庭,例如:一个压力传感器可能在冰天雪地,也可能在炙热的火山口;一部电台可能在海拔 4 km 的高原,也可能在潮湿的热带雨林。每种环境设备出现的故障都有差异。

③ 电子设备的工作方式有特定的流程。

有的电子设备的工作方式由程序控制,在使用过程中必须严格按照使用说明操作,操作步骤不正确就无法正常使用,操作不规范就有可能损坏设备。

④ 电子设备必须要考虑安全。

有的电子设备的故障会造成重大的安全事故,例如:高压漏电、电梯突然停电、电磁阀控制的大型吊机失灵等等。

⑤ 电子设备集成度高,组成复杂。

现在的电子设备几乎都是集成电路,每个电子元件的损坏与功能不稳定对于设备都会产生故障,而且各功能模块协同工作,模块之间的不匹配都会产生故障。例如:一个大功率的设备使用了一个小功率的电源,会由于供电不足而工作不稳定,这也是故障的产生原因。

⑥ 电子设备是硬件和软件结合。

智能芯片越来越多地应用到电子设备中,完成所需的功能。而智能就要和软件相结合完成可以调制的更复杂的功能。对于这样的设备出现故障除了要检查硬件外,还要考虑软件是否有错误。例如:一个温度采集器会因为程序中的内存溢出而导致输出一个不可能的温度值;一个步进电机可能因为驱动程序存在缺陷而导致长时间工作后突然卡死甚至发生反转的故障。

基于电子设备的以上特点,可以总结出一些故障的共性,总结出一般的故障检测方法,快速排除故障,甚至能防御故障的发生。

4.2 故障的分类

我们可以从各方面对电子设备的故障分类，下面总结了几种分类：

4.2.1 按故障的表现分类

① 明显故障：正常使用装备的人员能够发现的故障，这类故障操作人员凭感官或在正常操作使用时就能发现。

② 隐蔽故障：正常使用装备人员不能发现的故障，这类故障必须在检查或测试时才能被发现。

③ 潜在故障：设备由于各模块不匹配或元件质量不合格导致的，虽然现在没有发生但必然将发生的故障，例如：连接导线的外绝缘层老化、裂纹；电容已鼓起等都会埋下隐患。

4.2.2 按产生的原因分类

① 固有故障：装备基于设计、制造上的固有缺陷等原因而发生的故障。

② 超应力故障：因施加的应力超过装备规定能力而发生的故障。

③ 耗损故障：装备由于试验、使用和维护时，人为差错而发生的故障。

4.2.3 按产生故障的后果分类

① 对安全性的影响：该类故障的发生会对人员产生伤害，如高压漏电。

② 对任务的影响：该类故障会对任务的完成造成不利，如发电机故障会局部影响工厂的正常生产和人们的正常生活。

③ 对经济的影响：该类故障可能会带来昂贵的维修费用，损失人力和财力。

4.2.4 按故障的责任分类

① 设计责任故障：因设计中存在的缺陷或疏忽导致的故障。

② 制造责任故障：因材质、加工方法和工艺程序等问题造成的故障。

③ 使用责任故障：因不按规定使用或不按规定环境要求使用，使应力超过装备承受能力而造成的故障。

4.3 电子设备故障的规律

研究电子设备的故障就是要找出故障出现的客观规律，分析电子电路发生故障的原因，以便进一步提高电子设备的可靠性。虽然设备故障的出现是个随机事件，但是大量电子设备的故障却呈现一定的规律性。设备故障发生频率与使用时间关系之间的统计规律，一般以故障率随时间变化的关系曲线表示，即故障率曲线。

4.3.1 典型故障规律

故障率浴盆曲线模型于 1950～1952 年提出，1959 年正式命名，是最经典的故障率曲线，如图 4-1 所示。

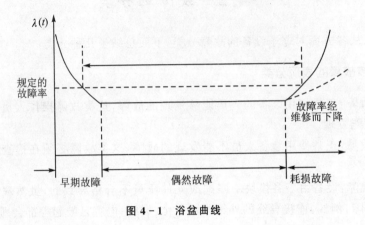

图 4-1 浴盆曲线

① 早期故障期。

早期故障期出现在设备开始工作的初期,特点是故障率较高,且随时间的增加而迅速下降。这主要是由于设计和制造工艺上的缺陷而导致产品发生故障。例如:原材料有缺陷、绝缘不良、装配调整不当等,可以通过加强对原材料和工艺的检验、对产品进行可靠性筛选等办法来淘汰早期发生故障的产品。

② 偶然故障期。

在早期故障后,表现为偶然(随机)故障的时期。这期间产品故障率低且稳定,近似为常数,故障主要由偶然因素引起,此阶段是产品的主要工作时期,产品在偶然故障期内不必进行预防性维修。

③ 耗损故障期。

在产品使用后期,耗损性故障占主导地位。这期间的特点是故障率迅速上升。故障主要是由于产品的老化、疲劳、损耗而引起,如果事先预计到耗损开始的时间,就可采取一套预防性维修和更新措施,修复或更新某些元、部件,可把上升的故障率降下来。

浴盆曲线的提出,在电子设备维修理论研究和维修实践中具有重要作用和地位。首先,浴盆曲线在一定程度上反映了电子设备的故障规律和形成过程,电子设备故障多种多样,但有一个形成过程,必须从源头入手。在电子设备研制过程中,严把质量关,对所用的原材料和电子元器件进行严格的筛选,保证电子设备性能质量的稳定可靠。其次,浴盆曲线在一定程度上为科学维修提供了指导,有效的维修必须与电子设备故障特性相适应,即:应充分利用和发挥电子设备的有用寿命,只做该做的维修工作。

维修理论和实践表明,浴盆曲线并不是万能和完美的。浴盆曲线所揭示的故障规律,只适用于简单设备,适用范围十分有限,大多数的电子设备并不具有浴盆曲线所描述的完整的故障过程。因此,应辩证地对待浴盆曲线这一经典的故障率曲线,既要充分认识浴盆曲线在维修中所发挥的作用,同时应从发展的角度,根据电子设备更新换代及功能结构、使用特点,积极探索电子设备故障新的规律特征。

4.3.2 复杂设备无耗损规律

复杂设备无耗损区规律于 20 世纪 60 年代提出。复杂设备是相对简单设备而言的。简单设备是指一个或很少几种故障模式会引起故障的设备。如轮胎的故障模式主要是磨损，属于简单设备。复杂设备是指具有多种故障模式引起故障的设备。例如：飞机、轮船、汽车及其各分系统、设备和动力装置均属于复杂设备。

复杂设备无损耗区规律源于人们对航空装备故障率曲线的研究。20 世纪 60 年代，美国联合航空公司积极开展维修改革，对大量的航空设备故障特性进行了统计分析，绘制了许多设备、部件的故障率曲线，发现航空装备的故障率曲线主要有 6 种基本形式，如图 4-2 所示。

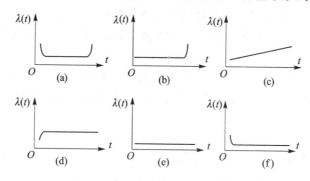

图 4-2 航空装备故障率模型

图中(a)曲线有明显的耗损期，符合浴盆曲线，约占装备机件总数的 4%；(b)曲线也有明显的耗损期，约占 2%；(c)曲线无明显的耗损期，但随时间增长，故障率也在增加，约占 5%；(d)、(e)、(f)曲线根本无损耗期，约占 89%。因此，航空装备(或设备)可分为有耗损特性和无耗损特性 2 类。有耗损特性的只占总设备数的 11%，往往是单体机件或简单机件如飞机轮胎或飞机结构元件，这 11%的装备、机件可以规定寿命；无耗损特性的占总设备数的 89%，往往是一些复杂装备，如航空电子装备、飞机空调系统、液压系统等。这 89%的装备、机件不需要规定寿命。这表明，大多数航空装备在正常使用期内的故障率基本上是常数，而随着航空装备的复杂化，故障发生规律已不同于早期的简单设备。

复杂设备无耗损区这一规律的发现和应用，在某种程度上已动摇了浴盆曲线的根本，基本上否定了浴盆曲线的理论基础，但是，它并没有否定浴盆曲线对于简单设备和具有支配性故障模式的复杂设备的适用性，因此，从维修发展的角度来看，复杂设备无耗损区规律又可以看作浴盆曲线的发展和完善，是电子设备维修发展的必然结果。

4.3.3 全寿命故障率递减规律

20 世纪 80 年代以来，出现了统一场故障理论。该理论认为，现代电子设备的故障发生遵从全寿命故障率递减规律，即：在全寿命期内，设备的故障率随时间的变化而不断降低。基本观点是：设备存在着固有的缺陷，在内外应力的作用下，缺陷导致装备发生功能故障；应力施加的速度快，故障就会提前出现；每个偶然故障的发生都有其原因和结果，施加应力可以加速故障的发生；随着应力施加时间的增加，设备缺陷总数按指数递减，因而故障率也将按指数递减，设备从制造、试验到使用都存在这种相同的过程。

统一场故障理论的实质是将设备出厂前筛选的概念扩大到使用阶段，设备在工厂筛选阶段故障，经过工厂接送或在严酷条件下运转，并剔除缺陷，使设备在工厂筛选阶段故障率呈递减型。设备在正式使用时，受到内外应力作用，使缺陷最终发展为故障，经检查发现后加以排除。所以设备的使用过程可看作是一种筛选过程,只是筛选的时间、应力大小和方式与工厂筛选不同。如果把筛选的过程移到使用阶段,那么使用阶段也将出现故障率递减的现象,即:在同一组应力作用下,设备的故障率将随应力施加的时间增加而递减。

4.3.4 故障规律对检测维修的影响

故障率曲线能够灵敏地反映电子设备故障特性随时间变化的趋势,据此可制定出有效的维修计划和维修对策,因而故障率曲线在电子设备维修领域十分有用。例如:根据故障率曲线可以判断电子设备是否存在早期故障、耗损型故障,设备质量是否符合标准。

① 故障率增加。

电子设备经过一段时间的使用后,故障率开始随时间而迅速增加,进入耗损故障期。如果在进入耗损故障期前按维修间隔期限定时更换,可以遏制故障率急剧增长的趋势,即定时更换有效果。

② 故障率不变。

由于故障率是一常数,而任务能力仅与故障率和任务时间有关,因此,即使按一定的间隔期限 T 定时更换,故障率不会发生变化,任务能力也不会有所改善,即:用新品或工作时间短的机件去更换工作时间长的机件是没有效果的。如果在这种情况下实施更换修理,结果只能是引起附加的早期故障,增加人为差错故障等。

③ 故障率降低。

由于故障率随使用时间的增加而减少,如果这时在一定的维修间隔期限内实施更换修理,试图用新品更换在用品,就相当于用故障率高的机件更换故障率低的机件,不仅不能降低装备总的故障率,反而会产生相反的效果,每次定时更换都会引起故障率的升高,使平均故障率保持在一个高的水平上。

上述分析表明,故障率曲线对判断预防性维修工作的效果是十分重要的。只有故障率变化属于递增型,且表现出故障集中出现的趋势,定时更换才是有效的。如果故障率变化属于递减型或常数型这 2 种情况,由于故障的随机性,定时更换是没有效果的,不仅会导致维修资源的浪费,甚至会产生相反的效果。当然,故障影响是多方面的,在采取维修行动时必须进行综合权衡,对于那些影响安全、任务或具有重大经济性影响的故障,必须进行有效监控,实施视情维修或主动维修;而对于那些故障影响或损失不大的,可以采取事后维修,而不必采取定时更换这一维修策略。

4.4 电子设备的故障机理分析

故障的规律是从宏观上总结了故障在电子设备整个生命周期中出现的概率,是故障量化后表现出来的规律,而从根本上看,故障是由微观原因引起的。因此只有掌握了故障机理,才是排除故障的关键。

故障机理是引起故障的物理、化学和材料特性变化的内在原因,分析故障机理必须从电子设备的外部环境因素和内部成分着手。

4.4.1 外部环境因素对故障的影响

在电子设备的特点中提过,电子设备的使用环境复杂多变,在使用过程中除了要承受设计所规定的正常应力外,还要承受外部环境各种不同因素的影响,这也是产生故障的原因之一。下面列举了几种常见因素对航空电子设备的影响。

① 高温。

当处在高温环境时,对温度敏感的材料,例如:绝缘材料的绝缘性、润滑油脂的粘性和润滑性、塑料和橡胶的尺寸及机械性能等均明显下降;电子元器件的参数漂移变化;弹性元件的弹性和金属材料的机械强度降低;外表涂、镀层起泡甚至脱落;配合零件的集合尺寸发生变化。

② 低温。

低温可以引起轴承等活动部件的润滑油黏度增大,部件间摩擦力增加;塑料、橡胶等高分子材料尺寸变化、发硬、变脆、易损坏、折断,密封漏油、漏气;电子元器件参数漂移变化;由不同材料制成零件,因收缩率不同造成配合间隙的恶化,甚至使机件卡死。

③ 潮湿。

潮湿的环境可以降低材料表面的绝缘电阻;零件的电阻降低后,介质损耗和介质常数等增加;降低零件耐腐蚀性,加快表面锈蚀;非金属材料受潮后膨胀,尺寸出现变化;导线受潮后,抗电强度差,容易被击穿。

④ 盐雾。

盐雾可以对零件表面粗糙度破坏,影响配合,还可以使零件机械强度下降。

⑤ 低气压。

低气压能造成密封零部件漏气、漏液和变形;电气接点容易烧损;抗电强度下降,产品容易击穿。

⑥ 沙尘。

沙尘能增加转动和滑动部件摩擦,易卡死;油路、气路堵塞;继电器、开关等电气接点接触不良,跳弧;精加工面擦伤。

⑦ 震动。

震动能使结构机械疲劳损伤;零部件结合松动、脱落,甚至破坏;产品接触不良、短路,导线焊点、插头脱落、松动;电真空器件的电极、熔断丝震断;仪表指示摆动或偏摆;固定不好的电缆、导线束之间产生摩擦,若与临近尖锐部分相碰,会使绝缘层磨破;两种材料之间(如金属与玻璃)的黏度脱开。

⑧ 电磁辐射。

电磁辐射能严重干扰电气、电子产品,使仪电设备产生错误动作。

4.4.2 设备内部机理对故障的影响

故障机理是从微观上研究引起设备故障的物理、化学和材料特性等变化的内在原因。了解设备发生故障的内因和外因,从根本上采取措施,对于排除故障,有针对性地采取预防措施,在使用过程中有效保持设备工作的可靠性是十分重要的。

电子设备结构复杂,使用环境多变,各设备的故障机理多种多样,故障机理主要包括元器件、设计、制造工艺、维修等因素,也是产生故障的重要原因之一,主要包括:

1. 元器件失效

元器件的可靠性会直接影响设备整机的可靠性,通常元器件失效约占整机故障的 40%。从寿命全周期过程来看,元器件的故障机理也和设计缺陷、生产制造工艺缺陷、使用和维修不当以及环境影响有关。下面介绍一些主要元器件的故障机理:

① 集成块。

集成块常见故障模式有电极间开路或时通时断、电极间短路、引线折断、封壳裂缝、可焊性差和电参数漂移等。

② 电子管。

电子管在使用过程中发生故障的概率是比较高的,例如:某型飞机的电子产品,因电子管损坏而造成产品的故障占整个电子系统故障总数的 86%。电子管常见的故障模式一般有阴极衰老、管内真空度下降、灯丝断丝和管子插脚接触不良等几种。阴极衰老的原因是由于管子阴极表面涂层蒸发、耗损引起的;真空度下降则是由于管内气体向外渗漏和管内电极除气不干净造成的;灯丝断丝是由于振动、冲击等应力使得灯丝震断以及过电流和过电压等使灯丝烧断;电子管插脚接触不良,是由于管脚氧化造成的,尤其是工作电流较大的大功率管、整流管、速调管等,由于通过管脚的电流大,管脚金属温度高,表面氧化快,更容易造成接触不良。

③ 微波器件故障。

例如:磁控管、行波管的灯丝断路、漏气和低效,波导器件低效,波导打火,都会致使整机严重故障。

④ 电阻器。

电阻器常见故障模式有阻值变化、开路失效、短路失效、机械损伤、接触不良等。阻值变化多由原材料成分缺陷、工艺缺陷造成;开路失效是由于线径不匀、电蚀、污染、热老化、电压电流过载和引线疲劳断裂等所致;短路失效主要由电应力和热应力过大所致;机械损伤是因冲击和振动等机械应力过大使电阻器集体裂缝、膜体擦伤和瓷棒断裂等造成;接触不良一般由加工工艺缺陷、引线疲劳和电蚀导致帽盖与金属膜、炭膜接触不良。

⑤ 电容器。

电容器常见故障模式有漏电流过大、短路失效、开路失效、容量变化等。漏电流过大,故障机理是材料绝缘不良、电应力过大、浪涌电流过大和浸渍物老化等;短路失效主要由于电扩散、介质击穿污染和浸渍分解、潮湿环境、腐蚀和浪涌电流过大所致;开路失效是因所加电压过高、使用条件恶劣、电迁移、引线疲劳、氧化和接触电阻变大而导致电极开路,浪涌电流过大亦可烧毁引线和金属箔;容量变化多因材料缺陷、工艺缺陷和环境因素等造成,容量超差一般出现在脉冲工作状态,因脉冲电流过大而使电容器发热。

⑥ 接触件。

接触件包括开关、接插件、电缆插头和插座等,故障模式主要以机械故障为主,表现为接触不良,主要是由于磨损、疲劳和腐蚀等所致,例如:连接部分表面氧化、磨损、污染,使导电面积减小,接触电阻增加造成接触不良,以及插头、插座经常插拔,受机械挤压、碰撞,使插孔扩孔、弹簧失效、零件变形等。

⑦ 继电器、变压器。

继电器主要故障模式有触点黏接、积炭等。触点黏接,一是由于触点通过电流过大,表面温度过高;二是通断速度低;三是接触性负载,触点之间跳火;这三个方面的原因都会造成金属转移加速,导致触点黏接;积炭故障机理是触点表面氧化造成的。变压器故障主要是绝缘击穿短路,主要原因是组成器件可靠性不高.,其次是环境条件影响,如散热防潮条件差。

⑧ 电机。

电机类产品常见故障模式有积炭多、卡死、工作不正常。积炭多是由于电机炭刷磨损,炭粉堆积所致;电机卡死是由于炭刷、整流子与转子间隙小或者移相电容容量变化而使电机卡死;工作不正常是由于磨损后的炭刷、整流子与转子接触面积减小造成电机火花干扰大,影响其他设备的正常工作。

⑨ 仪表指示器。

仪表指示器的常见故障模式有指示迟滞和指针卡死。指示迟滞是清洗指示器时,酒精等清洗剂内不挥发的物质与灰尘等杂物混合黏附于轴尖和轴承的工作面,使得摩擦力矩增大;指针卡死往往是由轴尖或指针机械变形而致。

⑩ 采用编程软件的元器件和集成块。

软件编程有误或者病毒侵蚀,往往导致软件瘫痪,另外有的集成电路对环境条件要求较严,机上电磁干扰、电压波动也往往导致故障。

2. 设计缺陷

电子设备固有可靠性主要取决于设计研制。设计缺陷往往会直接降低整机的可靠性,根据现场维修资料看,属于设计缺陷的主要有以下几种情况:

① 没有注意降额设计。

② 电路设计不合理。

③ 通风散热降温设计差。

④ 耐环境设计差。

3. 制造工艺缺陷

电子设备制造不完善、工艺质量控制不严和生产人员技术水平低等因素都会导致产品的可靠性下降。根据现场维修资料看,属于制造工艺缺陷的有以下几种情况:

① 常拆卸、常调整和强振动部位处的焊接不良。

② 结构和组装存在缺陷。

③ 调整和校正的缺陷。

④ 元器件、材料的筛选和检测不够。

4. 使用维修不当

电子设备维修人员不按规定的操作程序,使用、拆装和调校设备往往会导致人为故障。属于使用维修不当的有下列几种情况:

① 使用维修人员技术水平低,不了解装备的使用维修特点,操作、维修不正确。

② 维修方法和体制不合理。

③ 使用维修环境条件存在缺陷。

④ 维修工具、仪表和备用器材不完善。

⑤ 使用维修人员存在生理或心理障碍等。

4.5 电子设备的故障诊断

电子设备是指由电子元器件按一定的电路原理组成,能够完成一定功能的电子装置。众所周知,在电子设备中,尤其是在以集成电路为核心的现代微电子电路中,由于设备的规模越来越大,性能及构成也更加复杂和完善,设备中任何一个元器件的故障都可能导致部分功能失效或整个设备失灵。所以,伴随着电子技术的发展,电子电路集成化程度日益提高,对电子电路的可靠性、可维修性和自动故障诊断的要求也日益迫切。

电子设备故障诊断是一项十分复杂、困难的工作。虽然电子设备的故障问题几乎与电子技术本身同步发展,可是故障诊断方面的发展速度似乎要慢得多。在早期的电子设备故障诊断技术中,基本方法是依靠一些测试仪表,按照跟踪信号逐点寻迹的思路,借助人的逻辑判断来决定设备的故障所在。这种沿用至今的传统诊断技术在很大程度上与维修人员的实践经验和专业水平有关,基本上没有一套可靠的、科学的、成熟的办法。随着电子工业的发展,人们逐步认识到,对故障诊断问题有必要重新研究,必须把以往的经验提升到理论高度,同时在坚实的理论基础上,系统地发展和完善一套严谨的现代化电子设备故障诊断方法,并结合先进的计算机数据处理技术,实现电子电路故障诊断的自动检测、定位及故障预测。

电子设备的故障诊断是对设备运行状态和异常情况做出判断,包括采用各种测量、分析和诊断方法,确定故障的特性、模式和类别以及故障的部位,解释故障发生的原因等,并以故障诊断的判断为故障恢复提供依据。要对设备进行故障诊断,首先必须进行检测,所以故障诊断是检测领域的一个重要分支,主要包括:

① 故障检测。又称故障探测,目的在于发现故障,是根据对装备的检测结果,按照一定的逻辑进行推理,判断装备是否已经出现故障及故障发生的时刻。

② 故障定位。又称故障隔离,发现故障后,找出故障的具体部位称故障定位,故障定位的等级随诊断的目的不同而不同。

对于复杂电子设备结构,复杂性对故障诊断提出了很高的要求。因此必须有序地、运用科学的方法和先进的手段,及时、准确地发现和定位故障,这里主要讨论故障诊断的一般流程、基本方法和一些查找故障的技巧。

4.5.1 故障诊断的一般流程

根据实践经验归纳总结出电子设备故障诊断的一般流程为:明确故障情况、分析故障原因、确立故障部位、排除故障、测试验证。

1. 明确故障情况

摸清情况是分析与判断故障的前提,只有全面的掌握故障情况,才能准确地判断故障部位。当故障发生时,应主要关注以下几个方面:

① 立即停止设备的工作,避免造成更大的故障;

② 确定设备所处的环境及发生故障的时间、地点和现场人员;

③ 询问现场人员故障发生时的情形,了解故障发生情况;

④ 仔细检查设备的运行状态,是否有明显的故障痕迹,掌握详细的故障现象。

2. 分析故障原因

根据故障现象和有关情况，结合相关系统和故障件的特点，综合分析各种相关因素，结合有关故障的历史资料及电子设备发生故障时的工作条件和工作特点，联系设备的构造、原理等进行分析，列出所有可能引起故障的内、外部原因，运用各种故障分析诊断方法，如故障流程图或故障树，加以分析、对比、判断，分析故障原因。

3. 确立故障部位

为了找出故障要不断地进行分析、对比、检验。通过检验明确开始的判断是否正确，如果不正确，则应重新进行分析、判断。

检验故障应遵循从外到内、由简到繁、由一般到特殊的原则，从最可能发生故障的部位着手检查，逐次开展直至找出故障发生的机件和部位为止。查证故障原因的方法，根据故障原因及检测手段的实际条件决定。可按原位检查、离位性能测试、系统分段检查，替换故障件对比顺序进行。只有找到原因后，方可修复机件。在没有查明原因之前，不要急于进行修复以免引起新的故障。

4. 排除故障

确定故障部位后，依据维修的级别排除设备故障，如基层级维修以换件方式排除故障为主。

5. 测试验证

故障排除后，要做全面检查、验证，确保故障完全排除。同时还要采取必要的预防措施，避免故障重复发生。

4.5.2 故障诊断的基本方法

设备的故障诊断方法，就是根据对设备的可及节点或端口及其他信号的测试，推断设备所处的状态，确定故障元器件部位和预测故障的发生，判别设备的性能好坏并给出必要的维修提示等。基本的故障诊断方法有：

1. 锁定检查法

根据掌握的情况进行分析判断后，基本能锁定故障的大概位置，这时就可以先诊断这部分，这种方法比较直接、快速。

2. 故障树分析法

故障树分析法是分析系统故障和原因之间关系的一种因果逻辑模型，是一种演绎的分析方法，在电子设备故障分析中遵循从结果找原因的原则。故障树分析法的基本途径：首先是从某一个不希望出现的事件开始，然后列出原因的子系统或系统组织单元，并用逻辑门把这些原因和事件联系起来，从而构成了故障树图，即：在前期预测和识别各种潜在故障诱因的基础上，运用逻辑推理的方法，沿着故障产生的路径，确定故障发生的概率，并提出供各种控制故障因素的备选方案和对策措施。这种步骤在每一原因和原因的成因之间重复进行，如此类推，直到所有事件都得到充分展开为止。

如某压-码转换电路故障树如图4-3所示，它是在综合大量检修记录和分析电路原理的基础上产生的。其中"压-码转换电路板故障"为故障树顶事件，"误码输出"、"无误码输出"和"脉冲信号不正常"，"比较器输出不正常"分别为不同层次的中间事件，其余为故障树底事件。它是一个或逻辑的故障树，其中任何一个底事件的发生都可引发顶事件的发生。

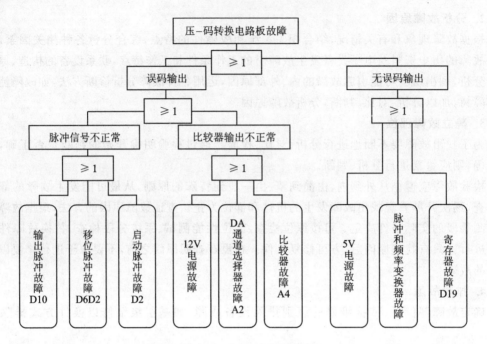

图 4-3 航空装备故障率模型

故障诊断时,先将电路板的故障树结构存入计算机中,然后采用从上而下的方式进行故障定位搜寻。测试时,软件指示用户不断更换测试点,同时将测试结果与故障库中各种标准情况比照,找出部件故障的各种可能起因,并逐个判断真实性,最终搜寻到故障的真正原因,找出可能出现故障的元器件。

例如:顶事件的故障表现形式为无误码输出,则依次测试底事件 5 V 电源、脉冲和频率变换器、寄存器。顶事件的故障表现形式为误码输出,则分 2 种情况测试,对中间事件脉冲信号不正常,则依次测试底事件输出脉冲、移位脉冲、启动脉冲;对中间事件比较器输出不正常,则依次测试底事件 12 V 电源、DA 通道选择器及比较器。假如还有更下一层的中间事件,同样可依已有的故障树结构,层层深入,逐个测试分析比较,直到搜寻到故障元器件。

3. 逐件检查概率方法

应用概率法来查找故障原因,是以维修工作中统计得出的系统各机件发生故障的条件概率为依据,来确定系统诸多机件的检查顺序。

① 任意选择法。

如果缺少产品或部件的有关可靠性数据及检查所需时间和工作量的统计资料数据,也没有积累对同类故障处理的经验,则可随意根据故障现象确定检查的顺序。

② 由简到繁法。

按照检查每个部件所需工作量的大小或时间的长短来安排检查次序。采用这个方法时,预先应有该系统各部件检查持续时间和工作量的统计数据。由于检查的次序是按检查时间由少到多的顺序安排的,用于前几个部件检查所需的时间相对地缩短,查出故障原因的时间就明显地缩短了。

③ 弱点突破法。

如果已知某一系统各部件发生故障的条件概率 β_i，且有 $\beta_1 > \beta_2 > \beta_3 > \cdots \beta_n$，$\sum_{i=1}^{n}\beta_i = 1$ 成立，则查找系统故障的原因时，检查顺序应从最容易发生故障的部件开始，这样会使确定故障原因所需的时间为最小。

当系统存在明显的薄弱机件时，弱点突破法的确定故障所用时间比任意选择法少很多，系统包含的机件数越多，机件产生故障的条件概率值差别越大，采用弱点突破法的优势越明显。

④ 时间—概率法。

在已掌握系统各机件发生故障条件概率和各机件检查持续时间的情况下，查找故障程序应当按照 β_i/t_i 比值的递减顺序 $\beta_1/t_1 > \beta_2/t_2 > \cdots$ 来进行。此时，故障条件概率大而检查所需时间又短的机件应安排在前面来进行检查。这样就可以保证在前几次检查中查出故障原因，并使查找故障原因所花的时间为少。

除了锁定检查法、故障树分析法、逐件检查概率方法外，还可以按照分组检查概率方法对故障进行分析和定位，这里不再一一赘述。

4.5.3 电子设备查找故障的典型方法

当电子设备出现故障时通常根据故障现象，采用感知法、测量法、替换法和比较法等确定具体的故障类型并定位故障。

1. 感知法

感知法也叫观察法，就是通过人的感知（视觉、听觉、嗅觉等），或借助其他辅助工具而判断设备的故障部位。主要包括：

① 手摸。摸设备安装是否松动，电缆、馈线是否拧紧，变压器、电机、电阻和电子管等元器件的温度是否正常，继电器、接触器的外壳，在控制电门通断时是否感觉到振动等。

② 眼看。看设备外观是否损伤，有关仪表及显示装置指示或显示是否正常；看熔断器是否熔断；看电阻是否烧黑，电解电容器、油质电容器是否漏液和漏油；看电路是否短（断）路；看接触点有无积炭或烧焦，接触点及电机碳刷的火花是否正常。

③ 耳听。听电机运转声音；听继电器通断声音是否正常；听耳机中的信号声、噪声、交流声是否正常。

④ 鼻闻。闻有无异常气味，如烧焦时的气味、臭氧气味等。

2. 测量法

测量法，就是用测试仪器直接测量可疑电路的电阻、电压、电流和波形，并将测试结果和标准数据进行比较和分析，从而找出故障的所在部位。一般分为有源测量和无源测量。有源测量是指接通被测设备工作电源后的测量。有源测量一般可以用来测量某点或某一器件的工作电压、电流波形等。无源测量是指断开被测设备电源后的测量。这种方法一般用于电路的开路和短路测量，元器件在线电阻的测量，以及设备和元器件的绝缘强度的测量。测量法比较直观可靠，是各类航空电子装备维修人员常用的测量方法。

（1）电阻测量

电阻测量，是通过测量电路的电阻，并比较其变化来判断电路状况的一种方法。这种方法一般不拆机件、不拔插销、不卸接线，利用灯座、插座、接线柱、检测点等测量点，掌握电路电阻的渐变过程，及时发现潜在的故障。用电阻测量法排除电路故障，还可以避免或减少乱拆、乱

卸机件的盲目性,提高工作效率,减少人为故障的发生。电阻测量的要点是:

① 选择恰当的测量点。

测量点选择的标准是便于操作;测量点所在电路的线路简单,应尽量避免拆卸机件。最常用的测量点有耳机导线、测量插座插孔、信号灯插座以及暴露在壳体外部的接线柱等。

② 确定符合实际的临界电阻值和经验电阻值。

临界电阻值是保证机件正常工作,允许该电路具有的最大电阻值。电路的电阻超过这一数值,机件就不能正常工作。临界电阻是通过计算和试验确定的,它是运用电阻测量法的关键。

经验电阻值是根据多次积累的经验而确定的每个电路正常工作时的电阻值,它是一个数据范围。经验电阻值可以作为定期测量、鉴别电路状况的依据。将每次测得的电路电阻与电路的经验电阻值比较,就可以了解电阻值变化的情况,从而判断电路状况是否正常。

③ 掌握合适的测量时机。

不失时机地测量有关电路,是及时发现故障的关键。掌握得好,则测量次数不多,但能及时发现潜在故障,获得最佳的预防效果。一般采取以下 3 种办法来掌握测量时机。

- 周期性测量:根据故障变化周期掌握测量时机,对工作次数频繁,容易形成故障的机件部位,测量周期短一些;对不易发生故障和使用不多的机件,测量周期应长一些。
- 季节性测量:根据季节变化,尤其是温度和湿度的变化来安排测量时机。气温高、湿度大时,对易产生接触不良的机件,应适当地增加测量次数;气温低时,弹簧式插头的机件,因金属收缩容易产生接触不良,应适当地增加测量次数。
- 视情测量:对平时不易测量和测量不到的机件和线路,结合定检和排故等时机进行测量。

④ 保证测量的准确性。

只有测量正确,掌握电阻量变化规律才能准确。保证测量的准确性,就是保证每次测量得到的数据正确,以确定被测电路的实际电阻值,应尽量减小仪表误差、视读误差和测量方法误差。为了做到测量的准确性可以确定一个固定的人员每次测量用同一只表,且表内电池电压要符合规定,以尽量减少视读误差和测量方法误差,保证测量点清洁,表笔接触可靠,尽量减小表笔接触处的电阻。

⑤ 建立测量登记表。

建立测量登记表,就是把每次测得的数据记录下来,以便与原始数据进行比较,飞机与飞机之间进行比较,不同季节测得的数据相比较,以便于经常分析、掌握量变规律,做到心中有数。

(2) 电压测量

电压测量,是通过测量电路有关部分的电压,并比较变化来判断电路状况的一种方法。电压测量法的要点是:

① 在电子设备的技术文件中,一般都附有工作电压数据表,如果没有或数据不全,也可通过正常情况下测试和根据经验建立电压数据表,以此为依据选择电压测试点并作为标准比较值。

② 选择适当量程和精度的电压表,特别要注意电压表输入阻抗及频率范围,否则会对测试结果造成影响。

③ 注意测试点选择,一般测试点选择一端对地(机壳)或对 0 V 线路(浮动地电路)及电极,而另一端对相应测试点间测试。

(3) 波形测量

波形测量就是用示波器观察电子设备或线路的工作波形,例如:形状、幅度、频率、周期、脉冲特征(信号的波形、振幅、宽度、前后沿等) 等,以判断设备故障。

一般可以根据电子设备技术文件确定要检测设备或电路的有关信号波形,并以此为依据选择波形测试点。在使用示波器时,要选择合适的量程和频率范围,输入阻抗要足够高,以避免示波器对测试造成影响。在选择测试点时,一般选择一端对地(机壳)或对浮动地电路,而另一端选相应的测试点进行测试。

(4) 设备或线路主要参数测量

电子设备或线路的主要参数测量常指工作频率及带宽、发射功率、接收机灵敏度、调制度、增益、非线性失真度等的测量,这些参数都需要使用专门测试仪器进行测试,例如:频率计、功率计、非线性仪、信号源、噪声系数测试仪、网络分析仪和逻辑分析仪等。进行测试时要根据被测对象特点,正确选择测试仪器,选择合适的测试环境和条件,同时还要求测试人员要了解测试设备及被测对象原理及特性,掌握测量技术及有关工艺。

3. 替换法

替换法就是用同型号或具有相同功能的性能良好的元器件或部件,替换下可疑的元器件或部件。用替换法排除故障是当前外场排放的常用方法。采用替换法要注意以下几点:

① 替换前要对替换上部件或元件承受电压、功率进行分析及测试,确保替换件不损坏。
② 确保替换件无故障。
③ 在替换前和替换过程中要切断被测设备和测试仪器电源,严禁带电操作。
④ 原则上使用同型号、规格备件或元器件替换,对某些器件,如滤波、旁路、耦合电容,限流、降压、滤波、弱电流分压等电阻,滤波电感,必要时可使用规格相近元件代替,但要记录在案。

4. 比较法

维修带故障的电子设备时,如果有同型号的另一台电子设备可以使用,则可以将两者进行相对比较以确定故障部位。排除故障时分别测量出两台电子设备同一部位的电压、工作波形、对地电阻、元器件参数等来相互比较,可方便地判断设备的故障部位。另外,平时多收集一些航空电子设备的各种数据,以便检修时作比较。

5. 改变现状法

改变现状法就是调整电子设备的可调器件(如电位器、可变电容、磁芯等),触动有疑问组件或元器件,反复插拔连接部分或插板,甚至大幅改变有疑问元器件的参数,观测对设备的影响,暴露接触不良、虚焊、性能下降等故障,或者改变电路的增益、输出等来分割和判断故障部位。

6. 振动法和感应法

在进行故障定位时也可以用橡皮锤或用手轻轻地敲击设备的某一部位,通过敲击振动使故障再现,这就是振动法。这种方法可用于排除电路接触不良或时隐时现的故障。

感应法就是通过人的手指或金属物向便于检查的部位注入人体感应信号,听耳机声音或者指示器的指示变化来判断故障的部位。

7. 断路法

断路法就是把可疑有故障的单元从整体中断开,再把信号发生器产生的信号加到被测部分输入端,测量相关点输出信号情况,即可判断电路的性能。采用断路法要注意以下几点:

① 正确选择断路点,对于闭环系统,环内不宜采用断路法,对于不能空载运行组件或电路,一般不采用断路法,确需采用时要接上负载。

② 在断路前和断路操作过程中要切断被测装备和测试仪器电源,严禁带电操作。

③ 完成测试后,要恢复被断路组件或电路。

8. 信号注入法

信号注入法是把各种测试信号从故障设备的适当点注入,进而根据设备终端的反应,如电压表或显示器(示波器)的反应来缩小故障范围。采用信号注入法进行故障定位时要注意:

① 应选用合适特性的注入信号,如频率、波形特征、信号幅值及变化范围。

② 应考虑信号源输出阻抗和被测部件、电路输入阻抗,不能相互产生影响;测试频率较高电路时,测试设备要就近接地,以避免波形畸变;有大功率高频电路与被测部件同时工作时,应注意进行必要屏蔽。

③ 应特别注意被测部分直流电压对信号源的影响,必要时要串接隔离直流电容。

9. 温度法

电子设备的一些故障出现在电路中某元器件的温度升高或降低后,温度法是对电路或某元器件加温或降温,然后观察设备故障现象的变化,以确定是否存在有故障的元器件。

① 加温法。

该方法是通过对怀疑有故障元器件加温以确定是否有故障。对元器件进行加温的方法通常有3种,第1种是利用恒温烘箱对元器件加温,第2种是将电烙铁头部或电灯泡放置在可疑元器件附近,利用电烙铁或灯泡等发热器件烘烤可疑部位的元器件,第3种是用电吹风机对准可疑部位吹热风。运用加温法要注意以下几点:

● 烤箱温度设置要合理,应与所使用环境条件一致(或略高);
● 用电烙铁或电灯泡加温时,烙铁头部或电灯泡不要碰到元器件外壳;
● 使用电吹风加温时,热源不要距离元器件或电路板太近,加温时间不要太长;
● 加温一般在设备通电下进行,也可在断电后进行。

② 降温法。

一些电子设备故障是由于元件不适应低温环境而产生的,因此降温法与加温法过程相反,在电子设备发生故障时采用降温措施使故障复现。对元器件进行降温可以利用恒温低温箱对部件降温以确定该部件是否存在故障,也可以利用镊子夹一块沾有酒精的棉球接触被怀疑的元器件,并用电吹风吹冷风以使其降温让故障复现。由于电子设备要求工作于较低温状态,因此第一种方法更有效。运用降温法时应注意:

● 降温法操作被测部件一般先不加电工作,待温度降低一段时间后再开机,并且在被测部件工作稳定后立刻测试,以免因通电时间长被测部件或晶体管结温升高使故障不能复现;
● 操作时要注意安全,夹酒精棉球接触带有高压的元器件时要防止触电;
● 完成测试后要放置一段时间,待部件表面干燥后再通电。

10. 清洗法

清洗法是利用清洗液对零部件、元器件进行清洗而消除故障的方法。清洗法主要适用于能够进行清洗的开关件、电位器和继电器等电子元器件和一些机械零部件,这些元器件和零部件的主要毛病是接触不良、有灰尘、生锈、转动不良等。

11. 逻辑监测分析法

逻辑监测分析法,是借助简便逻辑分析仪器(逻辑探头、逻辑脉冲分析器、电流分析器和逻辑夹等)或逻辑分析仪进行检测以确定故障的方法,这种方法特别适用于对数字电路和带有微处理器、计算机的电子设备故障的检测。

逻辑探头主要用于检测数字电路静态逻辑电平和动态脉冲信息情况;逻辑脉冲发生器作为手持式电路节点激励器,主要用于模拟各种数据和信息;电流分析器主要用于检测数字电路的短路故障,逻辑夹主要用于检测多引脚数字集成电路的逻辑状态。

逻辑分析仪用于检测数字集成电路、数字电路板、微处理器和计算机软硬件测试,可检测各总线信息的时序关系,发现"毛刺";检验各种软件的程序运行状态,以发现漏码、错码和跳码等故障,检测各种"特征码",以确定故障部位。

参考文献

[1] 田书林,王厚军,叶芃等.电子测量技术.北京:机械工业出版社,2012.
[2] 蒋焕文,孙旭.电子测量.北京:中国计量出版社,2002.
[3] 张乃国.电子测量技术.北京:人民邮电出版社,1985.
[4] 陆玉新,傅崇伦.电子测量.北京:国防工业出版社,1985.
[5] Robert A Witte 著.电子测量仪器原理与应用.何小平译.北京:清华大学出版社,1995.